Pferde verstehen, erziehen und halten:
Alles, was Sie über Pferde wissen müssen
-
das Pferdebuch für Reiter
(inkl. Checklisten zum Ausdrucken)

Carina Dieskamp

„Das Glück der Erde liegt auf dem Rücken der Pferde.“

Alle Reiter kennen diesen Satz, und es gibt bestimmt niemanden unter Ihnen, die diesem nicht zustimmen. Die meisten Pferdefans sind mindestens genauso glücklich, wenn sie mit dem Pferd zusammen sind, ohne jedoch unbedingt reiten zu müssen. Ob beim Ausmisten, Füttern, Striegeln, Heueinlagern, dem Spazierengehen oder bei der Bodenarbeit; mit dem Lieblingsvierbeiner lassen sich oft die vertrautesten Momente vom Boden erleben, an die man noch viele Jahre später zurückdenkt. Um sicherzustellen, dass Sie Ihrem Pferd das beste, artgerechteste Leben ermöglichen können, stellen wir Ihnen hiermit alles Wichtige vor: über einen kleinen Überblick über die Evolution der Pferde, die verschiedenen Pferderassen, bis zur Haltung und dem „Lesen" und Verstehen der Pferdesprache.

Sie finden alle Checklisten & Kapitelzusammenfassungen zum Download auf unserer Webseite. Die können Sie sich ausdrucken und z.B. in Ihren Stall hängen.
Den Link und das Passwort finden Sie im Kapitel **Downloads**.

Vielen Dank an Stephanie Kersten für die Bereitstellung vieler Bilder.

Viel Spaß beim Lesen und dem anschließenden Pferde-Beobachten!

Besuchen Sie auch unsere www.pferdesprache-lernen.de Webseite und treten Sie unserer Facebook Gruppe bei, um weiterhin in Kontakt mit Pferdefans zu bleiben und Ihr Wissen stets zu erweitern.

Allgemeines und Wissenswertes über Pferde

Auf Pferden wurden neue Ländereien entdeckt und Kriege gewonnen. Über die mehr als 5000 Jahre, in denen das Pferd domestiziert wurde, nutzten die Menschen die Tatsache, dass Pferde ausdauernd und schnell sind, aus. Die ehemaligen Fleischlieferanten, die in Urzeiten von Klippen heruntergejagt wurden, wandelten sich zu einem Transportmittel, zuerst als vor dem Pflug in den ersten Feldern Vorderasiens, dann als Kutschpferde vor dem Streitwagen und erst später als Reittiere. Mit der Erfindung von Hufsandalen und Hufeisen vor mehr als 2000 Jahren waren der Nutzung des Pferdes dann keine Grenzen mehr gesetzt.

Alexander der Große ritt bis 326 v. Chr. auf seinem geliebten Schlachtross Bucephalos in den Krieg, Dschingis Khan eroberte auf seinen Mongolenponys bis zu seinem Tod im Jahr 1227 einen Großteil Asiens. Bis zur Erfindung des Rads wurden in Mitteleuropa töltende, fast im Schwebegang daherbrausende Pferde genutzt. Nachdem man zu Kutschen wechselte, gerieten diese Pferde, die sogenannten Zelter, in Vergessenheit. Auf anderen Kontinenten aber, wie in den südafrikanischen Burenpferden, den flauschigen Islandponys oder den eleganten Gangpferden der amerikanischen Südstaaten, leben diese unglaublich bequemen Gangarten weiter fort und finden heute immer mehr Liebhaber in Europa, vor

allem im Freizeitreiten. Immerhin brachte Hernàn Cortez, der spanische Eroberer, die ersten 16 Pferde auf den amerikanischen Kontinent, die ihm die Eroberung der von den Azteken bewohnten Gebieten erleichterten. Bis dahin war der Tapir das größte Landsäugetier der Neuen Welt. Einen Krieger auf dem Rücken eines Pferdes zu sehen, verlieh der Spanischen Krone letztendlich die Überhand.
Hunderte Jahre später fand man sich in den Planwagen wieder, die von den geduldigen Vierbeinern über die Prärie gezogen wurden und somit die Eroberung des Wilden Westens erst möglich machten.
Im Ersten Weltkrieg verloren ungefähr acht Millionen Pferde und Maultiere das Leben. Durch die Verbreitung von motorisierten Fahrzeugen verlor das Pferd nach den Weltkriegen seinen Hauptzweck und ihre Anzahl in Deutschland fing an, abzufallen. In den fünfziger Jahren aber fand es ein Revival im Leistungssport und etwas später im Freizeitreiten, obwohl sich ein Großteil ihr Mahl auf anderen Kontinenten auch heute noch als Packpferde, Transportmittel und zum Rindertreiben verdienen müssen.

„Zurück zur Natur“ ist heute das Motto für viele Pferdefreunde, die ihre spärliche Freizeit im Stall verbringen. In diesem Buch möchten wir uns auf die artgerechte, naturnahe Haltung von Pferden im

Freizeitsport konzentrieren und Ihnen den Umgang und das Verstehen Ihres besten Freundes nahebringen.

Wir müssen aber zuerst einmal einen Zeitsprung zurück machen und uns genauer anschauen, wie und warum sich unsere Hauspferde so entwickelten, wie wir sie heute kennen. Und natürlich, wie sie den Sprung von der eiweißreichen Beilage in unserem Speiseplan zu den heute so geschätzten Haustieren schafften.

50 Millionen Jahre im Zeitraffer oder: vom fuchsgroßen *Hyracotherium* zum Hauspferd *Equus caballus*

Die lückenlose Dokumentation der Entwicklung des heutigen Hauspferdes aus dem kleinen *Hyracoterium* ist ein Glanzbeispiel der Evolutionsforschung, die durch zahlreiche Funde von Fossilien belegt wurde.
Durch das Unterholz des Waldes im unteren Eozän (vor ungefähr 50 Millionen Jahren) wanderte ein kleines, ungefähr 40cm großes Tierchen, dass sich auf das Grasen von Blättern, Gräsern und Früchten spezialisiert hatte. Mit seinen Tupfern und Streifen im Fell passte es sich perfekt an das Schattenspiel der Bäume in den tropischen und subtropischen Wäldern Asiens und Nordamerikas an: im Fall eines Angriffs von Raubtieren ermöglichte diese Fellzeichnung einen besonders guten Schutz. Die Pfoten

des Pferdlings besaßen vorne vier, hinten drei Zehen, die mit starken Nägeln bedeckt waren. Im Laufe der Zeit entwickelte sich aus dem auch *Eohippus* genannten Tierchen ein etwas größeres Geschöpf, dass sich von seinem Vorgänger dadurch unterschied, dass es reduzierte Zehen besaß. Auch passte sich das Gebiss im Oligozän (vor ungefähr 30 Millionen Jahren) an die sich verändernden klimatischen Bedingungen an – durch Temperaturschwankungen wandelten sich die Wälder langsam in Grassavannen um, die nun eine andere Nahrungspalette anboten. Dies bedeutete auch, dass sich das nun etwas größere Urpferd *Miohippus* nicht mehr so leicht verstecken konnte. Flucht vor Angreifern war überlebenswichtig. Somit bildeten sich alle Zehen mit Ausnahme der dritten, weiter zurück. Somit konnte es schnell vor Angreifern flüchten, da weniger Bodenkontakt eine schnellere Gangart zuließ.

Vor 15-20 Millionen Jahren letztendlich grasten auf den Steppen Nordamerikas große Herden von *Merychippus*, das mit einem Meter Widerristhöhe (gemessen am Übergang von Hals zu Rücken) so groß wie ein Pony war. Es fußte nur noch mit der dritten Zehe auf; alle anderen hatten sich zurückgebildet. Vor 2.5 Millionen Jahren, im Pleistozän, fanden sich die Vorformen der heutigen Hauspferde in Eurasien und Amerika, da ein ständiger Austausch über die damals noch vorhandene Landbrücke der Beringstraße erfolgte.

Warum aber fand man später keine Pferde mehr auf dem amerikanischen Kontinent? Darüber streiten sich bis heute die Wissenschaftler, aber die wahrscheinlichste Theorie ist eine belegte, gewaltige Abkühlung in Amerika, in denen die Grassteppen von schwer verdaulicher Tundra-Vegetation überdeckt wurden und somit ein Aussterben von Tieren der Gattung *Equus* (Pferde, Zebras und Esel) verursachte. Übrigens kann man bis heute die zurückgebildete zweite und vierte Zehe der Pferde in Form der Griffelbeine finden.
Nach geläufiger Meinung gilt bis heute das Przewalskipferd (1879 vom Nikolai Przewalski in der Mongolei entdeckt) als Stammform aller Hauspferdearten und einzige überlebende Unterart der echten Wildpferde. Neue Studien aus dem Jahr 2018 aber zeigen auf, dass die Przewalskipferde eine verwilderte Form der Pferde der Botai-Kultur aus der Kupferzeit (vor 5500 Jahren) sind; hier, in der Steppe Kasachstans, liegt nach neuesten Erkenntnissen die Wiege der Domestikation der Pferde.

Rassen

Anfangs war das Pferd nur eine von vielen Proteinquellen: die 30 000 Jahre alten Zeichnungen an den Wänden der Lauscaux-Höhle in Frankreich sind nur ein Beispiel, in denen die Pferde-Jagd unserer Vorfahren dokumentiert wurde. Bald aber wurde das Pferd in den Steppen

Kasachstans, Turkestans und Vorderasien domestiziert. Nachdem man sich höchstwahrscheinlich zuerst Pferde als Nahrungsmittel hielt, fing man an, diese vor den Pflug zu spannen oder sich auf seinen Rücken zu schwingen. Antike Funde von ledernen Hufschuhen aus Asien, alten Ledersandalen mit eisernen Sohlen, die im ersten Jahrhundert v. Chr. von den Römern unter die Hufe der Pferde geschnallt wurden (als auch spätere Funde alter Hufeisen und Gebisse) dokumentieren dies eindeutig. Nach und nach wurde mit einer selektiven Züchtung auf bestimmte Merkmale und Eigenschaften begonnen: so entstanden die verschiedenen Pferderassen.
Je nach Klima und den geografischen Gegebenheiten entstanden vier verschiedene Schläge von Pferden: **Kalt-, Voll-, Warmblüter und Ponys**, wobei Ponys laut FN (Deutsche Reiterliche Vereinigung) unter einer Widerristhöhe von 148 cm liegen müssen. Insgesamt existieren mehr als 400 registrierte Pferderassen, die zwischen 76 cm und 173 cm groß sein können.

Als größte Pferderasse der Welt gilt das englische Shire-Horse, eine Kaltblutrasse; als kleinstes Pferd wird das Falabella aus Argentinien angesehen. Übrigens haben die Ausdrücke Warm-, Kalt- und Vollblut nichts mit dem Blutvolumen oder der Temperatur des Blutes zu tun, sondern beziehen sich auf das Temperament der unterschiedlichen Pferdeschläge. Wüstenähnliche

Umstände brachten schnelle, heißblütige Pferde im Arabertyp hervor, die mit ihren großen Nüstern, feinem Fell und leichtem Körperbau auch hohen Temperaturen trotzen konnten.

Das Arabische Vollblut, der leichte Achaltekiner und der nordafrikanische Berber gehören zu den Vollblütern. Ein Prachtbeispiel der Leistungszucht stellt das Englische Vollblut dar, welches auf nur drei Hengste und 137 Mutterstuten zurückgeführt werden kann und heute nicht nur auf der Rennbahn, sondern auch im Springsport zu sehen ist.

Pferde im **Kaltbluttyp** sind schwere, ruhige Pferde, die nicht nur für die Landwirtschaft, sondern auch als Fleischlieferanten gezüchtet wurden. Mit oftmals langen Mähnen, viel Beinbehang und einer stattlichen Größe erfreuen sich heute Rassen wie Clydesdales, Percherons, Ardenner und die etwas kleineren, irischen Tinker einer immer größeren Beliebtheit, da sie sich nicht so einfach aus der Ruhe bringen lassen und auch unter dem Sattel, vor der Kutsche oder als Showpferde ein tolles Bild abgeben.

Warmblutrassen entstanden im 18. und 19. Jahrhundert aus Landrassen der verschiedenen Länder und Regionen, die oftmals mit arabischen und englischen Vollblütern veredelt wurden. Unter einem Warmblutpferd versteht man die Pferde, die im Mitteltyp liegen und als Dressur- oder Springpferde genutzt werden. Ehemals für das Militär gezüchtet, eignen sie sich – je nach Rasse – auch für den Freizeit- und Fahrsport. Ob das französische Selle Francais, Hannoveraner oder Irish Hunter: das Warmblut ist in Europa **das** Sportpferd.

Ponys sind Pferde unter einer Höhe von 148cm, die sowohl im Vollblut-, Warmblut- oder Kaltbluttyp liegen können. Das Shetlandpony, Connemaras, Haflinger oder das deutsche Reitpony sind als Kinderpferde weit verbreitet.

Lebensweise & Fortpflanzung

Um Pferde aber artgerecht zu halten, müssen wir uns zuerst einmal mit der natürlichen Lebensweise dieser faszinierenden Tiere befassen, da dies ausschlaggebend für ein langes, gesundes Leben und einen problemlosen Umgang vom Boden und unter dem Sattel ist.

Die wichtigsten Punkte, die Sie in der Haltung und im Umgang mit einem Pferd im Hinterkopf behalten sollten, sind folgende:

- Pferde sind hochsoziale Herdentiere.
- Pferde sind Fluchttiere.
- Pferde verbringen den Großteil des Tages mit einem langsamen Herumwandern, bei dem stundenlang kleinste Futterportionen aufgenommen werden.

Versetzen Sie sich einmal in die Haut eines Pferdes, das im Herdenverband ohne große menschliche Einflüsse lebt. Weltweit gibt es nur noch wenige Pferde, die unter solchen Voraussetzungen leben und allesamt verwilderte Hauspferde sind. Das Przewalskipferd, die australischen Brumbys und amerikanischen Mustangs gehören zu den verwilderten Hauspferden, in denen sich – wie bei unseren Hauspferden – die Verhaltensweisen des Flucht- und Herdentiers untersuchen lassen. Aber auch die polnischen Tarpane, die französischen Pyrenäenpferde und Camarguepferde leben fast unter naturnahen Umständen.

Bei der Angabe der natürlichen Herdegröße scheiden sich jedoch die Geister: die Zahlen variieren zwischen drei und 20 Herdenmitgliedern. Einig ist man sich bei der Herdenstruktur. In freier Wildbahn besteht eine Herde (auch Harem genannt) aus einem adulten Hengst, mehreren Stuten und deren Fohlen. Die Hengstfohlen verlassen normalerweise beim Erreichen der Geschlechtsreife den Harem, wobei sie oftmals in der Nähe der Mutterherde verbleiben, und vereinigen sich mit anderen Junghengsten zu sogenannten Junggesellenbanden. Obwohl oftmals angenommen wird, dass eine Herde vom Hengst geleitet wird, ist normalerweise die älteste Stute, Alpha-Stute genannt, die treibende Kraft der Herde. Durch ihre lange Erfahrung führt sie die Herde zu den besten Futterplätzen oder zur Wasserstelle. Die Aufgabe des Hengstes ist der Schutz der Herde und das Decken der Stute. Ständig muss der Hengst seinen Harem verteidigen, da er von den Junggesellenbanden herausgefordert wird. Die Junghengste trainieren im Spiel und in Rangkämpfen ihre körperlichen Kräfte. Sobald ein Junghengst einen gewissen Status in der Hengstherde erreicht, beginnt er, seinen eigenen Harem zu bilden. Mit Treibverhalten werden Mutterstuten von einem bestehenden Harem separiert und regelrecht gestohlen – falls der Leithengst aber davon Wind bekommt, kann es oft zu ernsthaften Kämpfen führen, bei denen der Leithengst (falls er dem Junghengst körperlich unterliegt) seine gesamte Herde verlieren kann. Vom Harem separiert, ist dieser ältere Hengst nun ein leichtes Opfer für Raubtiere, da nun kein Schutz der Herde geboten wird. Dies hat zur Folge, dass nur die stärksten, besten Hengste zum Decken der Stuten

und zur Weitergabe ihrer Gene kommen. Die natürliche Auslese stellt hier sicher, dass keine schwachen Hengste eine große Chance zur Fortpflanzung bekommen und nur die besten Tiere zum Decken der Stuten kommen. Ein Hengst führt eine Herde für durchschnittlich zwei Jahre an, bevor er von einem stärkeren Hengst verdrängt wird. Auch die Stuten unterliegen diesem Prinzip: nur wer zu Dürrezeiten und bei schlechtem Futterangebot überleben kann, ist in der Lage, ein Fohlen zu gebären. In Zeiten des Mangels muss die Pferdeherde normalerweise weitaus größere Distanzen zu Wasserquellen und Futtergründen zurücklegen. Die Pferde, die über keine harten, gesunden Hufe, eine gute Muskelmasse und genug Fettgewebe verfügen, sind auch hier im Nachteil und überleben diese harten Zeiten oftmals nicht.
Einen Großteil ihrer Zeit verbringt die Herde mit der Futter- und Wasseraufnahme. Hierbei führt die Mutterstute die Herde zu den besten Futtergründen und Wasserquellen. Neben Gräsern als Hauptnahrungsmittel, werden Früchte, Samen, Blätter und Rinde verzehrt, die im über 30 Meter langen Verdauungstrakt langsam verwertet werden.

Interessant ist weiterhin, dass der Verdauungstrakt der Pferde bis zu 211 Liter fassen kann und somit das größte und komplizierteste Verdauungssystem aller domestizierten Tiere besitzt. Im Vergleich mit anderen

Haustieren, wie zum Beispiel Rindern, ist der Magen jedoch relativ klein und dadurch wird deutlich, dass der Verdauungstrakt der Pferde an eine ständige Nahrungsaufnahme kleiner Mengen perfekt angepasst ist. Auch die Zähne sind perfekt an das Grasen angepasst: stark vorstehende Schneidezähne rupfen das Gras nah an der Wurzel ab, während die starken Mahlzähne weiter hinten im Gebiss die Nahrung zermahlen. Diese wird dann von der langen Zunge über die Speiseröhre in den Magen geschickt. Die Verdauung der Nahrung ist ein langwierigerer Prozess; es dauert ungefähr 24 Stunden, bis der Magen komplett geleert wird.

Durchschnittlich legt eine Herde dabei 16 Kilometer am Tag zurück, wobei bei den australischen Brumbys bis zu 55 Kilometer Distanz zwischen Futtergründen und den Tränkstellen gemessen wurden. Auch die Anpassungen an die Fortbewegung sind bei Pferden zahlreich und einzigartig. Hauptsächlich bewegt es sich im Schritt fort und nur zum Spielen, bei Rangordungskämpfen oder im Falle einer Flucht wird in einen Galopp gefallen.

Als Zehengänger, bei dem der Kontakt mit dem Boden minimiert wird, können dabei Geschwindigkeiten von bis zu 50 Kilometern pro Stunde erreicht werden. Durch einen ausgeklügelten anatomischen Apparat und dem faszinierenden Zusammenspiel von Muskeln und Sehnen wird dabei relativ wenig Energie verwendet. Auch fehlen

dem Pferd die Schlüsselbeine; dadurch kann es bei Sprüngen zu keinen Brüchen kommen.
Bei Pferdeherden konnte kein festes Territorium festgestellt werden, man fand aber heraus, dass sich die Gebiete der verschiedenen Harems und Junggesellenbanden oftmals überschneiden. Das veranlasst den Leithengst einer Herde, die Ausscheidungen seiner Stuten sorgfältig mit seinem eigenen Urin und Kot zu markieren, um anderen Hengsten zu vermitteln: „Diese Mädels gehören zu mir!“

Im Fall eines Angriffs durch ein Raubtier wird zuerst das Fluchtverhalten ausgelöst, bei dem die Herde durch das Nasenschnauben eines Herdenmitglieds gewarnt wird. Hier wird oft erstmal mit hohem Kopf davongestürmt, bis man sich in sicherer Entfernung befindet – dies stellt das Überleben der Herde sicher. Angegriffen wird selten und nur in Situationen, in denen eine Flucht unmöglich ist. Als treibende Kraft für einen Angriff gilt der Leithengst, aber auch Stuten können eine gewisse Aggression zur Schau stellen, vor allen Dingen, wenn es um das eigene Fohlen geht. Dies erklärt auch das Fluchtverhalten unserer Hauspferde, die gerne erst einmal „kopflos erschrecken und losrennen, und danach dann erst die schreckliche Plastiktüte untersuchen“. Mit diesem Verhalten und den Sinnesleistungen der Pferde werden wir uns in einem späteren Abschnitt auseinandersetzen.

Fortpflanzung

In Zeiten optimaler Voraussetzungen, wenn das energiereiche Frühlingsgras nach einem harten Winter oder nach der Trockenzeit sprießt, kommen die Stuten in die sogenannte Rosse, in denen sie fruchtbar sind. Stuten sind polyöstrisch und können, falls ein Decksprung eines Hengstes nicht zu einer Trächtigkeit führte, nochmals in eine fruchtbare Rosse kommen. Normalerweise führt der veränderte Geruch des Stutenurins, der durch die Eisprunghormone hervorgerufen wird, den Hengst zur fruchtbaren Stute. Mit dem Flehmen, bei dem der Geruch durch die angehobene Oberlippe dem Jacobson-Organ zugeführt wird, werden die Pheromone vom Hengst aufgenommen. Die Stute bietet sich dem Hengst mehrmals am Tag mit gespreizten Hinterbeinen und Scheidensekretionen zum Decken an.

Nach einer Tragezeit von ungefähr elf bis zwölf Monaten (315 bis 340 Tage) gebärt die Stute ein Fohlen. Die Geburt dauert ungefähr eine halbe Stunde, bei der die Eihäute und die Nachgeburt von der Mutterstute aufgefressen werden, da diese Raubtiere anziehen könnten. Das Fohlen wird von der Stute saubergeleckt und massiert, und steht nach einigen Stunden schon auf seinen stelzigen, langen Beinen. Immerhin muss es schon bald in der Lage sein, seiner Mutter zu folgen. Diese ersten Minuten sind für die Entstehung des Bandes zwischen der Stute und dem

Fohlen unglaublich wichtig, und stellen sicher, dass eine Stute ihr Fohlen immer wieder unter anderen Fohlen finden kann. Nach ungefähr einem Jahr, in dem das Fohlen mehr und mehr von der Stute unabhängig wird, wird die Stute wieder rossig und kann vom Hengst gedeckt werden. Die Jungstuten verbleiben normalerweise in der Herde, die Junghengste werden mit ungefähr eineinhalb bis zwei Jahren vertrieben.

Ruheverhalten

Da Pferde Fluchttiere sind, unterscheidet sich ihr Schlafverhalten grundlegend von dem Schlafverhalten von Raubtieren. Während wir Menschen normalerwiese an einem Stück durchschlafen, ruhen Pferde in kurzen Abschnitten. Junge Fohlen verbringen noch die Hälfte des Tages mit Schlafen. Mit dem Älterwerden reduziert sich die Schlafdauer erwachsener Pferde und liegt normalerweise bei zwei bis drei Stunden pro Tag. Durch einen speziellen Einrastmechanismus in ihren Gliedmaßen können Pferde problemlos im Stehen schlafen. Dabei wird meist ein Hinterhuf abgewinkelt, sodass dieses Hinterbein ruhen kann. Regelmäßig wechseln sich hier die ruhenden Hinterbeine ab. Dieses Verhalten wird als "Dösen" bezeichnet. In den Tiefschlaf können Pferde nur fallen, wenn sie sich bequem hinlegen können. Während dieser Zeit bleibt mindestens ein Pferd wach, um die Herde vor potentiellen Gefahren zu warnen. Auch wenn viele Pferdebesitzer glauben, dass ihre Pferde vorwiegend in der Nacht schlafen, sind die Schlafenszeit der Pferde nicht unbedingt an bestimmte Tageszeiten gekoppelt. Tatsache ist, dass in einem Stall tagsüber oft zu viel Unruhe oder Bewegung herrscht und es dem jeweiligen Pferd nicht möglich ist, sich ausreichend zu entspannen. Nur wenn sich ein Pferd absolut sicher fühlt, legt es sich hin, um in den Tiefschlaf zu verfallen. Daher schlafen Pferde in größeren Ställen vorwiegend nachts, während sich Weidepferde oder Pferde in einem Gruppenauslauf auch tagsüber gerne hinlegen, um sich auszuruhen.

Fortbewegung und Gangarten

Von Natur aus ist das Pferd ein Tier, welches auf ständige, aber langsame Bewegung spezialisiert ist. Bis zu 16 Stunden am Tag bewegt sich das Pferd im Schritt von einer Futterstelle zum nächsten Weidegrund, oder um die Tränke aufzusuchen. Nur beim Spielen, bei Rangkämpfen oder beim Auslösen des Fluchtverhaltens wird in einen Galopp verfallen. Während ein Pferd im Schritt ungefähr fünf bis sieben Kilometer pro Stunde zurücklegt, kann es im Galopp bis zu 60 Kilometer pro Stunde erreichen - somit ist der Galopp die schnellste Gangart des Pferdes. Die Antriebsenergie zur Fortbewegung kommt beim Pferd aus den Hinterbeinen. Durch die flexible Schulterschlinge, bei der der Brustkorb mit elastischen Bändern zwischen den Schultern aufgehängt ist, kann ein Pferd auch größere Sprünge oder ein freudiges Buckeln ohne Probleme und ohne Verletzungen überstehen.

Heutzutage aber stehen unsere Pferde meist in zu kleinen, langweiligen Ausläufen ohne jegliche Unterhaltung oder sogar in Ställen, aus denen sie nur zum Reiten herausgenommen werden. Im schlimmsten Fall hält sich ein Reitpferd bis zu 23 Stunden am Tag ohne jegliche Bewegungsanreize in seinem Stall auf. Zur Reitstunde herausgeholt, wird es dann körperlich hochgradig gefordert. Dass diese Haltung per Gesetzgeber verboten ist, kann nicht oft genug betont

werden. Bei zu wenig Bewegung entwickeln sich schnell Verhaltensstörungen; es kann zu körperlichen Schädigungen, vor allen Dingen im Bewegungsapparat des Pferdes führen oder bei Jungtieren Wachstumsstörungen verursachen.
Es liegt daher in unserer Verantwortung, unserem Pferd ausreichende Bewegungsanreize zu bieten. Dies ist für die seelische und körperliche Gesundheit, als auch für den gefahrlosen Umgang mit Pferden, notwendig.
Das Pferd ist von Natur her ein Kreuzgänger, bei dem die Vorder- und Hintergliedmaßen diagonal bewegt werden. Bei einigen Pferderassen liegt allerdings auch eine genetische Veranlagung zu passartigen Gängen vor. Das Islandpferd, Paso Fino, der Töltende Traber oder Missouri Foxtrotter sind nur einige dieser Pferderassen, die durch die Varianten dieser Passgänge besonders bequem zu sitzen sind.

Alle Fohlen zeigen schon wenige Stunden nach ihrer Geburt die drei Grundgangarten auf. Im Allgemeinen unterschiedet man beim Pferd zwischen Schritt, Trab und Galopp.
Schritt: Der Schritt ist eine viertaktige Gangart, bei der sich entweder zwei oder drei Hufe am Boden befinden. Sie zeichnet sich weiterhin durch das typische Kopfnicken aus, welches beim Vorschwingen eines Vorderbeines stattfindet.

Trab: Bei dieser mittelschnellen Gangart handelt es sich um einen diagonalen Zweiertakt mit eingeschobener Schwebephase. Die Schwebephase macht den Trab zur "gefürchtetsten" Gangart für Neulinge, da in dieser der Reiter nach oben geworfen wird.

Galopp: Diese dreitaktige Gangart mit Sprungphase ist die schnellste aller Gangarten. Je nachdem, ob es sich um einen ruhigen oder um den Renngalopp handelt, hört man drei oder vier Hufschläge.

Fell und Langhaar

Die Haut des Pferdes ist äußerst sensibel. Sie schützt das Pferd vor Umwelteinflüssen und vor dem Verlust der Körperwärme. Gleichzeitig funktioniert sie als Sinnesorgan. Selbst die kleinste Fliege, die sich auf ihr niedersetzt, wird ohne Probleme gespürt und kann verscheucht werden. In den Haarfollikeln der Haut werden die Haare des Pferdes gebildet, welches als Fell bezeichnet wird. Der größte Teil der Körperoberfläche des Pferdes ist dicht beharrt; Ausnahmen sind hier die Genitalbereiche, die Innenseiten der Oberschenkel, die Region um die Augen, Nüstern und um das Maul.

Haare bestehen aus einem Protein mit dem Namen Keratin. Aus diesem Keratin werden auch unsere eigenen Fingernägel, unsere Haare, die Krallen von Hunden und Katzen, als auch die Hufwände des Pferdes gebildet.

Bei Pferden unterscheidet man zwischen drei Haararten: die Mähne, der Stirnschopf, Schweif und der Kötenbehang an den Fesseln werden Schutzhaare genannt.

Die Mähne schützt die Luftröhre, den Hals und einen Teil des Brustkorbs vor zu starker Auskühlung. Regenwasser wird einfach von Körper weg abgeleitet. Bei Sportpferden wird gerne die Mähne auf eine bestimmte Länge verzogen oder geschnitten, um weniger bei der Zügelführung zu stören und um das Einflechten zu vereinfachen. Aber auch für Langhaarfans gibt es wunderschöne Frisuren – wenn Sie auf ein Turnier gehen wollen, aber die Mähne Ihres Lieblings bewahren möchten, können Sie zum Beispiel einen französischen Zopf flechten. So werden die Langhaare gebändigt, ohne diese jedoch opfern zu müssen.

Der Stirnschopf schützt die empfindlichen Augen Ihres Pferds vor Fliegen und lässt Regenwasser gezielt ablaufen. Da er aber bei vielen Pferden nur spärlich vorhanden ist, müssen Sie oft eine Fliegenfranse anbringen. Der Schweif wird nicht nur dazu verwendet, lästige Fliegen zu verscheuchen, sondern schützt auch zusätzlich den After des Pferdes. Die kürzeren Haare, die an den Seiten der Schweifwurzel wachsen und so gerne von vielen Pferdebesitzern wegrasiert werden, verhindern, dass Regenwasser an diesen empfindlichen Bereich des Pferdekörpers gelangt. Der Kötenbehang, der vor allen Dingen bei Kaltblutpferden besonders stark ausgeprägt ist, schützt die Fesselbeuge vor zu viel Feuchtigkeit und leitet das Regenwasser ab. Auch diesen Behang sollten Sie nicht beschneiden.

Das Deckhaar, das im Prinzip das normale Pferdefell darstellt, wird jährlich gewechselt. Fohlen besitzen in den ersten Lebensmonaten ein besonders langes, weiches

Babyfell, da sie durch ihr geringeres Körpervolumen schnell auskühlen können. Dieses Babyfell wird nach dem Absetzen der Mutter abgeworfen und durch das kürzere, glatte Fell erwachsener Pferde ersetzt. Im Frühjahr können sich vor allen Dingen die Pferdehalter, die ihre Pferde bei Wind und Wetter draußen halten, über den Fellwechsel freuen. Abgeworfene Haare können sich dann überall im Stall und auf der Kleidung finden. Die Bildung des Winterfells wird durch die kürzere Lichtdauer im Herbst angeregt. Mehrere Zentimeter lang und mit einer schützenden Ölschicht versehen, ist dieses Winterfell alles, was ein gesundes Pferd eigentlich braucht. Bei einer ausreichenden Kalorienzufuhr durch Heu oder Kraftfutter kann so Ihr Pferd der Kälte entgegenstrotzen. Je nach Temperatur und Windgeschwindigkeit wird einfach der Schweif in den Wind gedreht und das Fell aufgerichtet. Die zwischen den Haaren eingeschlossene Luftschicht ist die eigentliche Isolierung des Pferds gegen Kälte. Im Frühjahr wird dieses Winterfell innerhalb weniger Wochen abgestoßen und der Spaß kann für Sie beginnen. Nur als kleinen Zusatztipp: viele Vögel freuen sich über die Ballen herausgestriegelter Pferdehaare, da sie sich perfekt zum Nestbau eignen. Sie können diese also gerne einfach in die umliegenden Sträucher werfen. Nur die Mähnen- und Schweifhaare werfen Sie bitte in den normalen Müll, da sie die empfindlichen Beinchen der Vögel umschlingen und verletzen können.

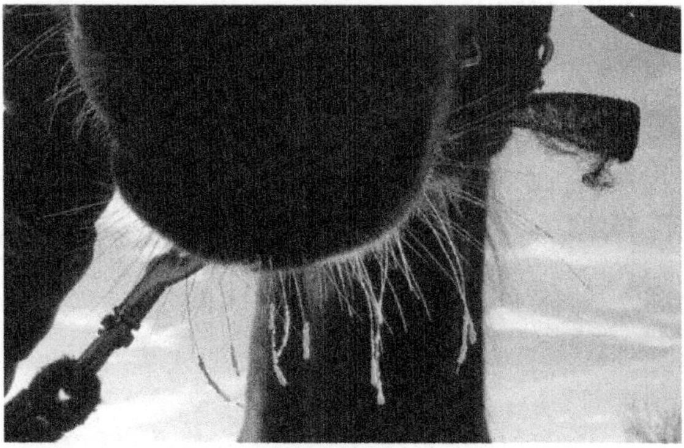

Die Tasthaare sind für das Pferd ganz besonders wichtig. Diese befinden sich in sensiblen Regionen, wie zum Beispiel um die Augen herum, an den Nüstern oder um das Maul. Wie bei Katzen und Hunden besitzen diese Tasthaare an ihren Wurzeln ganz speziell ausgebildete Nervenzellen, die das Pferd vor dem Anstoßen oder Verletzungen bewahren. Vor allen Dingen am Maul, an dem das Pferd einen toten Winkel besitzt, sind sie zum Ertasten der Nahrung hilfreich. Nicht nur in Deutschland, sondern auch in der Schweiz, Österreich und in Frankreich, ist das Entfernen dieser Tasthaare durch das Tierschutzgesetz verboten.

Farben und Abzeichen

Bei Pferden wird zwischen einfachen und gemischten Haarfarben unterschieden. Die einfachen Haarfarben werden als Brauner (braun), Fuchs (rot), Falbe oder Isabellen (gelb), Rappen (schwarz), und Albinos (weiß) bezeichnet. Bei jeder dieser Hauptfarben gibt es die verschiedensten Variationen, die sich über den Farbton des Fells, der Farbe des Langhaars und der Farbe der Haut unterscheiden können. So wird ein gelbes Pferd mit schwarzem Langhaar als Falbe bezeichnet, wird aber mit weißem oder hellem Langhaar zum Palomino. Zu den gemischten Haarfarben gehören die Schimmel. Sie besitzen eine dunkle, pigmentierte Haut, während die oben aufgeführten Albinos kein Hautpigment besitzen – die Augen sind oftmals blau oder rosa. Schimmel werden übrigens immer dunkel geboren und bleichen im Laufe ihres Lebens immer mehr aus. Weitere gemischte Haarfarben sind stichelhaarige Pferde, wie Stichelrappen oder Stichelfüchse, die verschiedenen Varianten der Schecken (je nach Grundfarbe werden diese Braunschecken etc. genannt) und die tigerhaarigen Pferde, bei denen sich kleine, farbige Flecken auf weißem Grund befinden.

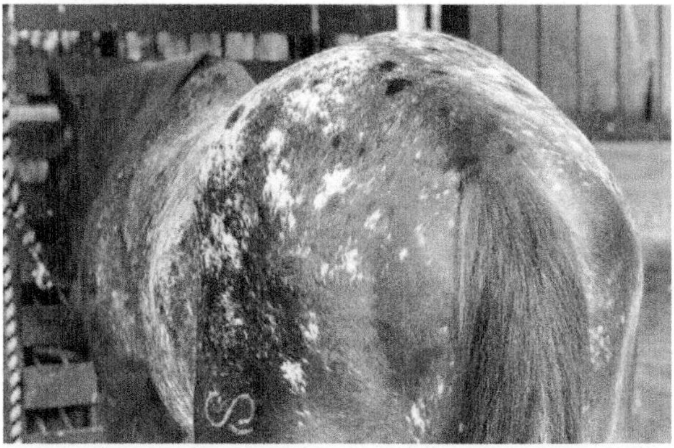

Durch Abzeichnen können Pferde eindeutig identifiziert werden. Auch sie werden, neben der Fellfarbe und den individuellen Fellwirbeln, in den Pferdepass eingetragen und können bei der Auffindung verschwundener Pferde hilfreich sein. Die weißen Abzeichen finden sich normalerweise im Gesicht und an den Beinen des Pferds und werden, je nach Form und Lage als Stern, Blesse, Schnippe oder Laterne (im Gesicht) oder als weißer Kronenrand, Ballen, halber oder ganzer Fuß (an den Beinen) bezeichnet. Bei manchen Pferden können Sie auch dunkle Zeichnungen, wie den Aalstrich entlang des

Rückengrats oder Zebrastreifen an den Beinen, finden. Machen Sie sich am besten mit der Farbe und den Abzeichen Ihres Pferdes vertraut, sodass Sie im Fall eines Verschwinden Ihres Pferdes dieses sofort eindeutig beschreiben können.

Pferdehaltung

Ein eigenes Pferd – ja oder nein?

Bevor man sich auf den Weg macht, um sich ein eigenes Pferd zu kaufen, empfehle ich Ihnen, sich folgende Punkte nochmals durch den Kopf gehen zu lassen. Ein Pferd zu halten, kann die beste Therapie und eine unglaubliche Lebensbereicherung sein, kommt aber auch mit Minuspunkten daher. Immerhin kann ein Pferd bis zu 25 bis 30 Jahre alt werden, manchmal sogar noch älter. Ein eigenes Pferd ist eine Langzeitverpflichtung und kann nicht einfach einmal in die Ecke gestellt werden, wenn man keine Lust hat. Es muss 365 Tage im Jahr versorgt und gepflegt werden, kann im Krankheitsfall hohe Kosten verursachen und stellt eine hohe Verantwortung dar, vor allen Dingen, wenn man es am eigenen Haus hält.

- Seien Sie sich bitte über die anfallenden Kosten im Klaren – wir gehen darauf im Detail weiter ein. Der Anschaffungspreis für ein Pferd ist normalerweise der kleinste Teil der Kosten.
- Pferde müssen den ganzen Tag über Zugang zu Raufutter und Wasser (zwischen 25 und 60 Liter pro Tag) haben. Durch die kleine Größe ihres Magens und das lange Verdauungssystem sollte Pferde mehrfach täglich mit Heu oder Gras gefüttert werden. Viele Pferde brauchen zusätzlich Kraft- und Mineralfutter.
- Pferde müssen laut Tierschutzgesetz Zugang zu einem Auslauf oder einer Weide haben. Ein bis zwei Stunden pro Tag sind nicht ausreichend, es sollten mindestens sechs Stunden sein.
- Pferde sind Herdentiere. Eine Einzelhaltung ist Tierquälerei und wird vom Gesetzgeber geahndet.
- Ein Zugang zu einem Unterstand sollte ständig verfügbar sein, um vor Regen, Wind und Sonne geschützt zu sein.
- Der Unterstand, Auslauf, Weide und Stall müssen täglich abgemistet werden.
- Pferde brauchen regelmäßige Impfungen, Wurmkuren und Hufpflege. Eine Vernachlässigung dieser kann zu ernsten Erkrankungen und sogar dem Tod des Vierbeiners führen.
- Als Pferdebesitzer muss man unbedingt eine Tierhalter-Haftpflichtversicherung abschließen.

Auch sind Versicherungen für anfallende Tierarztkosten erhältlich, die in einem Krankheitsfall nützlich sein können – eine Fahrt in die Tierklinik für eine Kolik-OP kann schnell in die Tausende steigen.

Nachdem wir jetzt den Teufel an die Wand gemalt haben (immerhin muss man sich über alle Punkte im Klaren sein), kommen wir jetzt zu den Vorzügen eines eigenen Pferdes.

- Pferde erfüllen das Leben mit Freude; ein kleines Wiehern zur Begrüßung zaubert sofort ein Lächeln auf das Gesicht der Besitzer.
- Man verbringt viel Zeit draußen: nicht nur beim Reiten, sondern auch beim Füttern, Ausmisten oder Heumachen. Frische Luft, Sonne und Regen stärken das Immunsystem und härten den Körper ab.
- Sie werden als Pferdehalter die verschiedensten Herausforderungen überkommen müssen. Ob es sich um die direkte Arbeit mit dem Pferd handelt (welches vielleicht mal aufmüpfig wird und in seine Schranken gewiesen werden muss) oder darum, den persönlichen Rekord im Mistschaufeln oder Heustapeln zu brechen: als Pferdehalter werden Sie ständig herausgefordert werden und den inneren Schweinehund überkommen müssen.
- Und somit kommen wir zum nächsten Punkt: Selbstvertrauen. Mit jedem Fortschritt, den Sie

als Pferdehalter machen, steigt natürlich auch ihr Selbstvertrauen. Dies hat nicht nur positive Auswirkungen auf Ihrem Umgang mit dem eigenen Pferd, sondern hilft Ihnen auch, selbstbewusster durch die anderen Bereiche des Lebens zu gehen. Nicht umsonst werden Kurse für die Steigerung des Selbstbewusstseins mit Pferden angeboten.

- Gerade wenn Sie Kinder haben und diese in die Versorgung der Pferde mit einbezogen werden, wird ein Punkt deutlich: zuerst das Pferd, dann der Reiter. Dieses alte Sprichwort zeigt auf, dass Prioritäten gesetzt werden müssen. Ein Pferd kann sich nicht selbst versorgen und hängt zu einhundert Prozent von uns ab. Als Pferdebesitzer müssen zeitliche und finanzielle Prioritäten gesetzt werden. So wird schnell deutlich, dass es wichtigere Sachen im Leben gibt als Markenklamotten oder der Gang zum Frisör.
- Durch den Umgang mit dem Pferd und der vielen Zeit, die man in der Natur verbringt, wird nicht nur die Seele stimuliert, sondern auch Stress abgebaut. Ärger und Angst verfliegen schnell, wenn Sie das Pferd bürsten, Ihrer Wut mit Abmisten ein Abdampfventil bieten und im Galopp über Stoppelfelder brausen.
- Und letztendlich brauchen Sie als Pferdebesitzer, vor allen Dingen als Pferdehalter, keine Mitgliedschaft im Fitnessstudio. Mistkarren durch Matsch bugsieren, Strohballen stapeln, Winterfell

herausbürsten, Zäune bauen oder versuchen, das Pferd einzufangen, halten Sie fit! Im wahrsten Sinne des Wortes!

Die Anschaffung und Haltung eines eigenen Pferdes sind Entscheidungen, die niemals leichtsinnig und voreilig getroffen werden sollten. Nach dem Abwägen der Pros und Kontras kann man sich dann für eine Eigenhaltung oder eine Einstellung bei einem Bauern oder in einem Reitstall entscheiden.

Zu Hause oder doch unterstellen?

Nachdem ich Sie noch nicht "abgeschreckt" habe und Sie sich für ein eigenes Pferd entscheiden, müssen Sie nur noch die Entscheidung treffen, ob Sie Ihr Pferd bei sich zu Hause halten oder es doch lieber in einem Stall unterstellen lassen. Falls Sie nur über eine Wohnung ohne eigenes Grundstück oder nur ein kleines Haus mit ungenügend Land verfügen, ist die Entscheidung einfach: es muss untergestellt werden. Neben den normalen Ställen kann man sich auch einer Stallgemeinschaft anschließen, in denen man sich die anfallenden Pflichten teilt. Zu aller erst möchte ich Ihnen aber einige Punkte näherbringen, die Sie überdenken sollten, falls Sie mit dem Gedanken spielen, Ihr Pferd selbst zu halten:

- Nochmals: gerade in Eigenhaltung muss Ihr Pferd mindestens zweimal täglich versorgt werden. Selbst wenn Sie sich nicht wohl fühlen, das Wetter schlecht ist und Sie lieber zu Hause auf der Couch bleiben würden, müssen Sie raus, füttern, für ausreichend Wasser sorgen, ausmisten und Ihr Pferd auf Verletzungen kontrollieren.
- Ein weiterer Punkt, den ich nicht oft genug wiederholen kann, ist die Tatsache, dass Pferde Herdentiere sind und eine Einzelhaltung als Tierquälerei angesehen werden muss. Ein weiteres Pferd sollte unbedingt vorhanden sein, auch wenn es nur ein kleines Pony ist. Vielleicht

möchte eine Freundin ein Pferd bei Ihnen einstellen, sodass eine Zweier-Herde gebildet wird? Dann kann man sich auch einige Pflichten teilen.

- Falls etwas kaputt geht, die Wasserleitung im Winter einfriert, der Strom für den Elektrozaun ausfällt etc.: Sie sind verantwortlich. Nicht nur für die Reparaturen selbst, sondern auch für die dadurch anfallenden Kosten. Und normalerweise können die meisten Reparaturen nicht warten, sondern müssen sofort vorgenommen werden.
- Sie sollten auf jeden Fall über bestimmte Grundkenntnisse verfügen, und damit meine ich nicht nur Erste Hilfe im Falle von Verletzungen. Das Verhalten von Pferden, der korrekte Umgang, korrektes Anbinden und eine bestimmte Sicherheit Ihrerseits sind absolut notwendig. Falls Sie noch unerfahren im allgemeinen Umgang mit Pferden sind, empfehle ich Ihnen, im Reitstall oder bei Freunden zu helfen. Reitstunden allein reichen nicht aus, zur Pferdehaltung gehört weit mehr dazu als korrekt im Sattel zu sitzen.
- Versorgung in Ihrer Abwesenheit. Wenn Sie ab und an mal in den Urlaub oder über das Wochenende verreisen möchten, sollten Sie unbedingt für eine zuverlässige Vertretung sorgen. Diese Vertretung sollte nicht nur Ihre Pferde kennen, sondern auch sorgfältig in alle anfallenden Arbeiten eingewiesen werden.

- Der Zugang zu einem Reitplatz oder einer Reithalle ist in einer kleinen Eigenhaltung oft nicht vorhanden. Oftmals kann man aber gegen eine Gebühr die Halle oder den Platz des nächstgelegenen Reitstalls nutzen.
- Der folgende Punkt wird oft nicht erwähnt, sollte aber überdacht werden: in einer Eigenhaltung kann es manchmal schon einsam werden. Die Möglichkeit, mit anderen Pferdemenschen einen Kaffee zu trinken oder sich zum Klatsch und Tratsch in der Stallgasse zu treffen, ist oft die Basis für jahrelange Freundschaften. Auch können Sie nicht so schnell jemanden fragen "Sag mal, meinst du, der humpelt ein bisschen...?"

Die folgenden Punkte sollten Sie sich durch den Kopf gehen lassen, wenn Sie mit dem Gedanken spielen, Ihr Pferd unterzustellen:

- Sie geben Ihr Pferd in fremde Hände. Es ist unglaublich wichtig, dass Sie ein gutes Vertrauensverhältnis mit dem Stallbesitzer und Personal aufbauen. Letztendlich sind es diese Personen, die sich um Ihr Pferd kümmern und im Notfall, falls Sie unerreichbar sind, Entscheidungen treffen müssen. Testen Sie die verschiedenen Ställe aus; wo Sie sich wohlfühlen, wird Ihr Pferd wahrscheinlich auch gut versorgt werden.
- Die monatliche Stallmiete kann Ihnen über den Kopf wachsen. Oft ist eine Eigenhaltung

kostengünstiger. Aber, ist sie es wirklich? Wenn Sie schnell einmal die Zeit dazurechnen würden, die Sie mit der Versorgung der Pferde verbringen und diese in die Kostenrechnung miteinbeziehen, kann es schnell günstiger sein, ein Pferd einzustellen. Vor allen Dingen, wenn Sie sich nur ein Pferd leisten können. Trotzdem sollten Sie sich über die monatlichen Mietkosten im Klaren sein, die je nach Lage und Angebot schnell mal 1000 Euro übersteigen können.

- Eine angenehme Stallgemeinschaft kann positive Auswirkungen auf Pferd und Reiter haben. Was passiert aber, wenn man sich nicht in die Gemeinschaft miteinschließen kann, oder nur hässlich über Reiter und Pferde hergezogen wird? Leider sind hier die Stallbesitzer gefragt, die oft aus Angst, einen Einsteller zu verlieren, nicht eingreifen. Und warum führe ich diesen Punkt überhaupt auf? Weil diese negative Situation leider viel zu häufig vorkommt und Einsteller regelrecht aus einem Stall gemobbt werden. Viele Reiterforen im Internet können davon leider ein Lied singen.
- Regeln sind dazu da, um gebrochen zu werden? Vielleicht zu Ihrer Teenager-Zeit, aber nicht im Stall. Stallregeln sorgen für Ordnung im Stall und sollten unbedingt befolgt werden. Leider ist es aber nicht jedermanns Sache, Ruhezeiten einzuhalten oder einem bestimmten Reitstil zu

folgen. Auch in diesem Fall ist es daher wichtig, den richtigen Stall zu finden.

Die Vorteile einer Eigenhaltung ist der bessere Kontakt zum Pferd, vor allen Dingen, wenn die Haltung direkt am Haus erfolgt. Sie lernen Ihr Pferd bis ins kleinste Detail kennen, merken sofort, wenn etwas nicht stimmt, und können auch mal noch im Schlafanzug ein kleines bisschen Extra-Heu in den Stall werfen. Jederzeit kann man sich auf den Rücken des Pferdes schwingen oder auf einen kleinen Spaziergang gehen, ohne dass man sich um Stallruhezeiten oder andere Sachen sorgen muss. Es gibt einfach nichts Besseres, als mit einem Drink abends nochmal auf der Terrasse zu sitzen und den Pferden beim Spielen zuzuschauen.

Stellen Sie Ihr Pferd dagegen ein, können Sie Ihre kostbare Zeit mit Bürsten und Reiten verbringen, anstatt den Wasserschlauch zu flicken oder auszumisten. Und Reithalle, Reitplatz und Hindernissparcour sind oft direkt am Stall vorhanden. Eine gesunde Stallgemeinschaft kann weiterhin Gold wert sein. Sie sind hier also gefragt, zu überdenken, welche Haltungsform für Ihr Pferd und Sie richtig sind, sodass Sie zusammen viele Jahre glücklich mit Ihrem Pferd sein können.

Weidehaltung – die beste Haltungsform für die problematischen Graser

Die Weidehaltung ist mit Abstand nicht nur die beste und natürlichste Haltungsform von Pferden, sondern auch die kostengünstigste. Sobald das erste Frühlingsgras sprießt, wirkt es wie ein Magnet auf Pferde und Ponys. Allerdings müssen Sie mit einem Flächenbedarf von mindestens einem Hektar für ein Großpferd rechnen. Wird diese Fläche unterschritten, darf Ihr Pferd nur stundenweise auf die Weide und Sie müssen mit Gras oder Heu zufüttern.

Wie schon weiter oben erwähnt, sind Pferde zum langsamen Herumziehen und ständigem Grasen von der Natur perfektioniert worden. Ein kleiner Magen, ein langes Verdauungssystem, in dem die faserreiche

Nahrung langsam aufgeschlossen und verwertet wird, und Zähne, die für das Abrupfen und Zermahlen der Gräser ständig nachwachsen, weisen anatomisch eindeutig darauf hin. Warum werden dann Pferde als Problemgraser bezeichnet? Leider hat die Natur nicht damit gerechnet, dass wir unsere Pferde auf umzäunten Weiden einschließen. Durch das Abschneiden der Gräser direkt über der Grasnarbe und die Hufe werden die Graswurzeln und der Boden schnell misshandelt. Somit müssen Sie unbedingt daran denken, Ihre Weiden zu pflegen. Ansonsten wird nämlich schnell eine Matschkoppel, die mit Unkraut verziert wird, daraus.

Als Feinschmecker fressen Pferde auch gerne so lange an einer bestimmten Grassorte, bis diese komplett abgeweidet ist. Erst dann verleibt man sich die zweitbeste Option ein. Somit ist es weiterhin wichtig, dass Sie die verschiedensten Grassorten auf einer Weide anbieten, die im Idealfall auch noch eine große Vielfalt an Kräutern bietet. Wird eine Weide bis zur Grasnarbe abgeweidet, laufen Sie Gefahr, Ihre kostbare Nahrung für Ihre Vierbeiner zu verlieren. Eine Graspflanze, die keine Blattmasse besitzt, muss nämlich ihre Energie aus dem Wurzelsystem beziehen, da sie keine Möglichkeit zur Photosynthese besitzt. Eine Schwächung und eventuelles Absterben sind die Folge. Auch sind die überweideten Flächen für Bodenerosion anfällig. Gerade an

Hangweiden wird schnell der Mutterboden vom Sommerregen weggewaschen, was für Sie katastrophale Folgen hätte.

Ein weiterer Punkt, warum ein sorgfältiges Weidenmanagement so wichtig ist, sind die sogenannten Geilstellen. Diese sind durch das Wachstum von hohen, fetten Gräsern und Unkraut erkennbar, die von den Pferden nicht angerührt werden. "Mensch, da ist ja noch soviel Futter drauf!", denken sich viele unerfahrene Pferdehalter und verschlimmern dadurch das Problem. Diese Geilstellen entstehen nach der Kotabgabe der Pferde, der als natürlicher Dünger wirkt. Logischerweise schießt hier das Gras nur so in die Höhe, wird aber von den Pferden nicht angerührt. Damit wird eine Wiederinfektion mit Parasiten vermieden. Normale Weidestellen werden somit noch mehr überweidet, was das Problem letztendlich durch die Zerstörung der Grasnarbe, Verdichtung des Bodens und der Erosion verschlimmert. Als Pferdehalter müssen Sie daher täglich die Pferdeäpfel von der Weide absammeln.

Sie sollten also darauf achten, dass Ihre Pferde bei extrem feuchtem Wetter nur beschränkt Zugang zur Weide haben, sodass die Grasnarbe geschützt wird und Sie ein generelles Überweiden vermeiden. Periodische Ruhezeiten, in denen auf eine andere Weide gewechselt wird, sind das Ideal. Und wenn man gerne noch um das Mistabsammeln herumkommen möchte, könnten Sie sich vielleicht mit einem Bauern zusammentun und untereinander die Weiden wechseln. Rinder und Schafe fressen nämlich die Gräser, die von Pferden vermieden werden, während Pferde problemlos auf den Geilstellen der Wiederkäuer weiden.

Ansprüche an eine gute Pferdeweide

- Der Anzahl der Pferde entsprechende Größe; falls die Weide zu groß ist, wird selektiv gegrast und bestimmte Grasarten werden geschädigt. Daher ist die Unterteilung in kleine Weiden und regelmäßiges Umtreiben besser.
- Ein Bewuchs durch eine ausgewogene Mischung aus wertvollen, schmackhaften Gräsern und ungefähr 10 Prozent Kräutern.
- Trockener Standpunkt mit wenig Gefälle.
- Zugang zu einer Wasserleitung oder einem Standpunkt für einen Wasserwagen, bei dem nur die Tränke für die Pferde zugänglich ist (Verletzungsgefahr).
- Keine Giftpflanzen, wie Adlerfarn, Herbstzeitlose, Eibe, Wolfsmilch, Hahnenfuß etc. Bitte belesen Sie sich, wenn es soweit ist, weiter. Ein Giftpflanzenexperte sollte sich auf jeden Fall Ihre potenzielle Weide anschauen.

- Ein dreiseitig geschlossener Unterstand, der sich in einer windgeschützten Lage befindet, falls Sie Ihr Pferd ganztägig auf der Weide halten und keine Bäume oder Hecken als Witterungsschutz vorhanden sind.
- Pferdegerechte und sichere Einzäunung.

Die Plus- und Minuspunkte der Weidehaltung

Pferde bekommen normalerweise alle notwendigen Nährstoffe durch das Grasen auf Weiden, die mit einer Vielfalt von für Pferde geeigneten Gräsern und Kräutern bepflanzt wurden. Obwohl man ein Pferd, welches keinen Zugang zu einer Weide hat, auch vollwertig ernähren kann, bietet die Weidehaltung verschiedene Vorzüge. Ein guter Grasmix bietet einem Pferd die perfekten und ausgewogenen Mengen an Rohfasern, Proteinen, Mineralstoffen und Vitaminen an. Die Tatsache, dass Ihr Pferd sich bei Wind und Wetter draußen befindet, härtet das Immunsystem ab. Natürlich nur unter der Voraussetzung, dass ein Unterstand geboten wird. Entgegen dem Herumstehen in einem Auslauf oder einer Box bewegt sich das Pferd 16-18 Stunden lang fort und hält sich somit selbst fit. Dies bedeutet für Sie nicht nur, dass Sie ihr Pferd auch guten Gewissens einmal einige Tage nicht bewegen müssen, sondern auch, dass es beim Reiten nicht vom Hafer gestochen wird. Weidepferde sind generell einfach weitaus ausgeglichener.

Aber, wie schon oben angegeben, gibt es einige Minuspunkte zur Weidehaltung. Falls Ihre Weide zu feucht ist, kann es dazu führen, dass Sie etwas Kraftfutter zufüttern müssen, da der Kaloriengehalt in der Blattmasse nicht ausreichend ist, um das Pferd vollwertig zu ernähren. Auch besteht auf feuchten Weiden die Gefahr, dass die Grasnarbe schneller geschädigt wird und es einen höheren Anteil an ungewünschten oder sogar giftigen Pflanzen gibt. Auch die Belästigung durch Insekten wird durch solche Lagen schnell verschärft und kann zu einem echten Problem werden.

Da Pferde während der Zeit der Wachstumspause, die ungefähr von Anfang November bis Ende März dauert, nicht auf die Weide sollten, muss im Frühjahr langsam angeweidet werden, um Koliken und Hufrehe zu vermeiden. Ich empfehle Ihnen, mit 15 Minuten pro Tag zu beginnen und diese Zeitspanne langsam, aber stetig zu verlängern, bis Ihr Pferd ganztägig auf das Gras gestellt werden kann. Somit hat die delikate Darmflora des Verdauungssystems Zeit, sich auf die Umstellung anzupassen. Vor allen Dingen ältere Pferde und Pferde, die schon einmal an Hufrehe, einer Entzündung im Inneren des Hufs litten, oder mit metabolischen Problemen wie Cushings oder Insulinresistenz diagnostiziert wurden, müssen besonders sorgfältig beobachtet werden. Oft ist ein Weidegang für Stoffwechselpferde absolut nicht möglich, da der Zuckeranteil im Weidegras zu hoch ist. Diese Pferde müssen für den Rest ihres Lebens im Auslauf gehalten werden und bekommen eine spezielle Diät zugeführt, die bitte sorgfältig mit dem Tierarzt besprochen werden sollte.

Falls Sie über ungenügend Land für eine ganztägige Weidehaltung verfügen, können Sie entweder die Weiden in kleinere Parzellen aufteilen oder mit einem mobilen Elektrozaun abstecken, der jeden Tag einen Meter weiter in die Weidefläche hinein bewegt wird. Denken Sie bitte daran, dass ein ausgewachsenes Pferd ungefähr 1.5 Prozent seines Körpergewichts in trockenem Raufutter zu sich nehmen sollte; sorgen Sie bitte also für ausreichend Heu oder Futterstroh im Auslauf.

"Zaun baun!"

Und somit kommen wir auch schon zur korrekten Einzäunung einer Weide. Da sich Pferde von allen Nutztieren am meisten bewegen, muss die Gefahr des Ausbrechens der Herde vermieden werden, wobei kein Zaunsystem eine hundertprozentige Versicherung darstellt. Auch das Deutsche Tierschutzgesetz schreibt vor, dass Sie als Pferdehalter für Ihr Pferd und die Schäden, die es eventuell verursachen kann, verantwortlich sind. Auch sollte sich ein Pferd nicht am Zaun verletzen können. Eine gute Sichtbarkeit ist ausschlaggebend! Da Pferde Fluchttiere sind, können sie in einem Panikmoment ihren Kopf verlieren und einfach mal losstürmen. Ein massiver, gut sichtbarer Zaun kann hier zu einer Lebensversicherung werden, vor allen Dingen, wenn sich die Weide an einer Straße befindet. Ihnen ist wahrscheinlich jetzt schon klar, dass Stacheldraht nichts an einer Weide für Pferde verloren hat? Durch seine schlechte Sichtbarkeit sind schon viele Pferde in Stacheldraht gelaufen und haben sich schwerste Verletzungen zugefügt. Leider findet man ihn auch heute noch an einigen Weiden, vor allen Dingen Rinderweiden. Hier muss zumindest ein Elektrozaun in einem gewissen Abstand zum Stacheldraht gespannt werden. In einem Urteil vom 28. September 2000 erklärte übrigens das Thüringische Oberverwaltungsgericht [Aktenzeichen: 3 KO 700/99 (44/01)] die alleinige Verwendung von Stacheldraht als Einzäunung von Pferdeweiden als tierschutzwidrig. Aus gutem Grund! Ich persönlich würde auf Nummer Sicher gehen und meine Pferde von Stacheldraht fernhalten. Das Risiko katastrophaler Verletzungen, die bis zum Einschläfern der Tiere führen können, ist einfach zu hoch.

Weitere, ungeeignete Zaunsysteme sind Glatt- oder Spanndraht. Auch wenn Sie diese mit einigen Litzen gut sichtbaren Breitbanddraht kombinieren, besteht auch hier eine hohe Verletzungsgefahr für in Panik geratene Pferde. Maschendrahtzaun, ob normal, oder als Knotengitter für Schafweiden, können schwere Verletzungen verursachen, wenn ein Pferdebein oder Huf in den Maschen hängenbleibt. Das kleinste Übel wäre hier ein abgerissenes Hufeisen, im Worst-Case-Szenario aber können schwere Schnitte durch Bänder und Sehnen im Pferdebein bis zum Einschläfern führen.

Durchgänge und Tore sollten breit genug sein, um ein gefahrloses Durchqueren zu ermöglichen. Ein einfaches Öffnen und Schließen, sowie die Möglichkeit, das Öffnen des Tores durch unbefugte Personen zu vermeiden, sind essentiell. Wir besprechen die Merkmale eines pferdesicheren Tores im Folgenden.

Was eignet sich denn aber für die "perfekte" Einzäunung der Weide? Neben der guten Sichtbarkeit, geringen Verletzungsgefahr, entsprechenden Höhe und einer abschreckenden Wirkung (ein Pferd kann schnell einmal einen Zaunpfosten umdrücken, wenn es sich das Hinterteil daran reibt) sollte der Zaun wenig Zusatzarbeit verursachen, nicht zu teuer und vielleicht sogar ästhetisch ansprechend sein. Als Umzäunung für die gesamte Pferdeanlage, sprich Auslauf und Weide, müssen Sie einen stabilen Zaun errichten. Am gängigsten ist die Verwendung von Kunststoffpfeilern und -Latten oder Holz. Investieren Sie hier bitte in gute Qualität, da sich dies letztendlich auszahlt. Normalerweise geben die Hersteller der Kunststoffzäune eine jahrelange Garantie auf ihr Produkt. Durch die relativ geringe Arbeit, die nach der Installation anfällt, werden diese Zäune immer populärer. Optisch weitaus ansprechender sind Zäune aus Holz. Diese erfordern regelmäßige Wartungsarbeiten, wie das Austauschen morscher Pfosten oder Latten, sowie das Imprägnieren mit ungiftigen Produkten. Es kann entweder gut abgelagertes, heimisches Hartholz oder druckimprägniertes Weichholz verwendet werden. Achten Sie bitte auch auf besonders stabile Eckpfeiler, da diese besonders viel Stress ausgesetzt sind. Eine Mindesthöhe von 1.20 Meter ist vom Gesetzgeber vorgeschrieben (OLG Celle, Urt. v. 26.01.2000, 9 U 130/99), bei größeren Pferden sind bis zu 1.50 Meter Höhe zu empfehlen. Mindestens zwei Querlatten, die in adäquater Höhe stabil zwischen die Zaunpfosten angebracht werden, vervollständigen Ihr Werk. Achten Sie bitte bei der Installation darauf, dass kleinere Pferde oder Ponys nicht durch die Querlatten durchschlüpfen können. Ihr Zaun wird letztendlich durch das Anbringen von mindestens zwei Reihen Drahtlitze vervollständigt, die mit Schraubisolatoren an den Pfosten angebracht werden können. Ein Umdrücken der Pfosten durch die schon oben aufgeführten, vom Juckreiz geplagten Pferdchen wird dadurch verhindert.

Eine letzte Alternative zu Kunststoff- oder Holzzäunen sind ausrangierte Förderbänder, die zwischen die stabilen Zaunpfosten gespannt werden. Auch bei diesen besteht so gut wie keine Verletzungsgefahr. Vielleicht kommt bei dem Anblick dieser Art von Weidezaun kein Ranch-Gefühl auf, aber die geringen Anschaffungs- und Installationskosten, sowie der kleine Arbeitsaufwand, der von ihnen verursacht wird, können dies schnell wettmachen. Alle vier bis fünf Jahre sollten diese Zäune nachgespannt werden. Ab und zu müssen Sie die Textilfäden, die sich vom Gummiband loslösen können, mit einem Messer oder einer Schere abschneiden, und das wars auch schon. Auch hier empfehle ich Ihnen, einen zusätzlichen Elektrozaun zu installieren.

Elektrozäune – ein guter Zusatz für den Außenzaun, und der perfekte Zaun im Innenbereich

Elektrisch geladene Zäune sind das Wundermittel in der Pferdehaltung! Durch ihre abschreckende Wirkung können sie als relativ sichere Einzäunung mit einer extrem kleinen Verletzungsgefahr angesehen werden. Die korrekte Installation ist hierbei ausschlaggebend, es muss eine konstante Stromversorgung durch das normale Stromnetz oder eine mobile Autobatterie sichergestellt werden. Diese kann entweder durch eine Zweitbatterie vor dem vollständigen Entladen ausgetauscht oder in sonnigen Lagen durch Solarzellen geladen werden. Auch hängt die Spannungsversorgung von der Länge Ihres Zaunes ab; je länger, desto mehr Saft brauchen Sie. Hier gibt es die verschiedensten Systeme und Anbieter, die Ihnen bei der Auswahl des für Sie am besten geeigneten Systems helfen können. Wichtig ist, dass neben der Stromversorgung auch eine Erdung und ein Blitzschutz vorhanden sind. Drahtlitzen sind als Zusatz zum stabilen Außenzaun geeignet, Breitbandlitzen sollten für Unterteilungen oder als mobiler Weidezaun verwendet werden. Somit kann Ihr Pferd diesen Zaun bestens erkennen. Nach ein bis zwei harmlosen Stromschlägen, die Ihr Pferd bei Zaunkontakt erhält, hält es sich normalerweise von diesem fern. Mobile Zaunpfosten können von Ihnen einfach in den Boden gesteckt werden – so kann Ihr Zaun jederzeit umgesteckt werden. Für Durchgänge und Tore sind Handgriffe erhältlich. Torfedern sollten von Ihnen vermieden werden, da es schon vorgekommen ist, dass sich Pferdeschweife in diesen verhängen und dadurch ein panisches Fluchtverhalten ausgelöst werden kann. Besser sind elastische Torlitzen, die sich der Durchgangsbreite anpassen.

Die einfache Handhabung, Installation und die relativ geringen Anschaffungskosten haben Elektrozäune zu einer Standard-Zaunart für Pferdehalter gemacht. Bitte laufen Sie jeden Tag die gesamte Länge Ihres Elektrozauns ab, um zerstörte Drähte auszutauschen und über oder an den Zaun wachsende und somit den Strom ableitende Pflanzen zu entfernen. Die Erdungspfähle, die den Rückfluss des Stroms nach einem Stromschlag und dadurch die Wirkungsweise des Zauns garantieren, müssen bei langanhaltender Trockenheit regelmäßig gewässert werden. Ein Zauntester, mit dem sie die Hütespannung an den verschiedenen Stellen Ihres Zaunes kontrollieren können, und Warnschilder, die in Abständen am Zaun angebracht werden, gehören noch in Ihre Zaun-Shoppingliste. Bitte führen Sie ein Logbuch, in dem Sie täglich die Hütespannung und die Tageszeit, an der Sie diese kontrolliert haben, eintragen. Somit können Sie im Fall eines Ausbrechens Ihrer Pferde nachweisen, dass Ihr Zaun konstant unter Spannung stand. Gerade bei Außenzäunen mit Zugang zu öffentlichen Wegen oder Straßen müssen Sie mindestens alle 100 Meter Warnschilder, die mindestens 20 cm breit und 10 cm hoch sind, anbringen. Die Beschriftung muss in Schwarz auf gelber Grundfarbe vorhanden sein. Somit werden vorbeigehende Personen vor dem Anfassen des Zauns gewarnt. Diese letzten Punkte sind leider zu heutigen Zeiten notwendig, sodass Sie im Fall der Fälle etwas besser abgesichert sind, werden aber gerne vergessen. Und dass sich Ihr Spannungsgerät außerhalb der Reichweite von Kindern und nicht autorisierten Personen befindet, sollte klar sein.

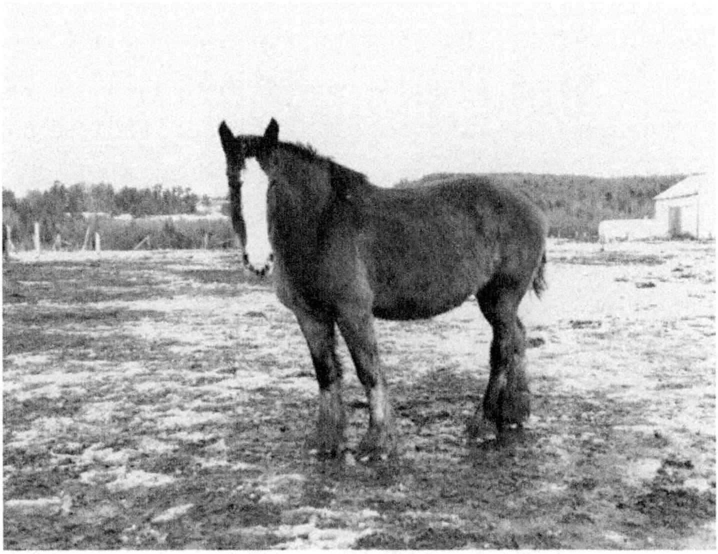

Weideschutzhütte

Einen Unterstand brauchen Sie im Prinzip nur, wenn Sie Ihr Pferd ganztägig auf der Weide halten und es keinen natürlichen Witterungsschutz wie Bäume, Sträucher oder Hecken gibt. Bei der Errichtung eines Unterstands müssen Sie auf jeden Fall die Bauvorschriften Ihrer Gemeinde berücksichtigen, die je nach Region variieren können. Und falls Sie sich in einem Wasserschutzgebiet befinden, könnten hier verschärfte Regeln für den Boden Ihrer Weidehütte gelten. Ihr Unterstand sollte groß genug sein, um alle Pferde bequem zu beherbergen, dreiseitig geschlossen sein und windgeschützt liegen. Falls Sie die Chefin oder der Chef über eine größere Herde sind, ist es empfehlenswert, mehrere kleine Unterstände anzulegen. Oder, für den Fall, dass Ihre Weidefläche einen direkten Zugang zu Ihrem Allwetterauslauf hat, kann dieser offengehalten werden, sodass alle Pferde selbstständig von der Weide in den Unterstand gelangen können. Oft hört man Pferdehalter sagen, dass sie keinen Unterstand brauchen, da deren Pferde nur bei schönem Wetter auf die Wiese kommen. Im Sommer aber suchen viele Pferde den Unterstand bei vollstem Sonnenschein auf, um nach Schatten zu suchen und eine Erleichterung von Pferdebremsen etc. zu finden. Somit sollten Sie als Halter sichergehen, dass ausreichend Witterungsschutz (auch vor zu gutem Wetter) vorhanden ist. Der Unterstand sollte mit einer ansprechenden, saugfähigen Einstreu ausgelegt werden, die das Pferd auch zum Niederliegen verleihen. Weitere Informationen über den perfekten Unterstand finden Sie ein kleines bisschen weiter unten, da für diesen im Prinzip die gleichen Regeln gelten, wie für einen permanenten Unterstand im Auslauf.

Die Weidehaltung ist mit Abstand die natürlichste und beste Haltung für Ihr Pferd. Aber auch sie hat ihre Nachteile, vor allen Dingen in der Eigenhaltung. Für jedes Pferd muss eine ausreichend große Fläche zur Verfügung stehen, die unbedingt sicher eingezäunt werden muss. Auch für einen Witterungsschutz, ausreichend Wasser und regelmäßiger Weidepflege muss gesorgt werden. Dafür wird Ihr Pferd nicht nur mit frischem Gras, ausreichend Bewegung und Sozialkontakt versorgt, sondern wird charakterlich weitaus ausgeglichener als andere Pferde sein.

Auslauf

Jeder Pferdehalter muss zumindest über einen Auslauf verfügen, da laut Deutschem Tierschutzgesetz jedes Pferd über die Möglichkeit zur freien Bewegung verfügen muss. Auch im Auslauf muss das Pferd jederzeit Zugang zu frischem Wasser haben. Falls ein Pferd ganztägig im Auslauf steht, sollte auch hier ein Witterungsschutz in Form eines Unterstandes vorhanden sein. Es ist für diese Hecken und Bäume im wahrsten Sinne des Wortes überlebenswichtig, vor dem Verbiss und vor Trittschäden geschützt zu werden. Die Verwendung von ungiftigen Pflanzen versteht sich von selbst. Falls auf dem Auslauf Obstbäume vorhanden sind, muss das Fallobst abgesammelt werden, um Koliken oder Hufrehe durch zu viel Fruchtzucker zu vermeiden. Die Umzäunung muss den gleichen Kriterien wie dem Weidezaun entsprechen.

Laut den "Leitlinien zur Beurteilung von Pferdehaltungen unter Tierschutzgesichtspunkten" des Bundesministeriums für Ernährung, Landwirtschaft und Verbraucherschutz sollte ein Auslauf eine "Mindestgröße von 150 Quadratmetern für zwei Pferde" aufweisen. Für jedes zusätzliche Pferd werden 40 Quadratmeter hinzugefügt. Um einen größeren Bewegungsanreiz für das Pferd darzustellen, sollte der Auslauf eine rechteckige, langgezogene Form aufweisen. Spitze Ecken oder andere Stellen, an denen ein rangniedriges Pferd von einem ranghöheren Herdenmitglied in die Enge getrieben werden könnte, sollte vermieden oder abgesperrt werden. Dadurch verringern Sie Konfliktsituationen mit eventuell auftretenden Verletzungen oder sogar ein Ausbrechen des in die Enge getriebenen Pferdes.

Der Boden des Auslaufs sollte über einen guten Wasserabfluss verfügen. Trotzdem kommt es oft vor, dass der Boden an oft aufgesuchten Stellen bei viel Regen vermatscht. Eine Auffüllung des Bodens durch Holzmulch kann diesem Vermatschen entgegenwirken. Wichtig ist hierbei, dass der Mulch aus ungiftigen Hölzern gewonnen wurde. Auch hilft oftmals die Aufschüttung vom Sand an den nassen Stellen. Dadurch kann man auch innerhalb des

Auslaufs verschiedene Liegebereiche einrichten, die die Pferde gerne zum Ausruhen oder zum Schlafen aufsuchen. Um den Bewegungsanreiz des Auslaufs zu erhöhen, kann dieser in verschiedene Bereiche eingeteilt werden. Die Errichtung von Baum- oder Heckeninseln, die zum Beispiel durch Elektrozaun von der normalen Auslauffläche abgetrennt werden, schafft nicht nur einen zusätzlichen Witterungsschutz, sondern ahmt weiterhin das natürliche Habitat des Pferdes nach. Durch diese Inseln können weiterhin Konfliktsituation unter den Pferden vermieden werden. Bitte beachten Sie, dass Sie in dem Fall der Unterteilung Ihres Auslaufs die Fläche adäquat erhöhen. Das Einfügen verschiedener Bodenverhältnisse, wie zum Beispiel durch den schon oben erwähnten Sand, oder durch einige Flächen, die mit Kies befestigt sind, durch Treppenstufen, die mit Holzbalken errichtet werden oder natürliche Hindernisse, die von den Pferden umgangen werden müssen, helfen weiterhin als Anreiz für mehr Bewegung in der Pferdeherde. Die Wasserstelle oder Tränke für Ihre Pferde sollte sich so weit wie möglich von den Fütterungsplätzen befinden. Diese Separierung von Wasser- und Futterstelle ist eine der einfachsten, billigsten und effizientesten Methoden, um Ihre Pferde zu mehr Bewegung anzuregen. Dadurch müssen die Pferde jederzeit zwischen dem Raufutter und der Wasserstelle hin und her pendeln. Weiterhin können sie gerne verschiedene Fressplätze für die Raufuttergabe einrichten. Dies kann entweder durch pferdesichere Raufutterraufen geschehen, durch das pferdesichere Aufhängen von Heunetzen oder durch die Gabe von Raufutter auf einem sauberen Boden. Bei der Gabe des Heus oder Futterstrohs vom Boden sollten Sie bitte den Boden befestigen oder mit einer Gummimatte auslegen, da ansonsten eventuell zu viel Sand aufgenommen wird und sich im Verdauungstrakt anreichern kann.

Pappel-, Birken- oder Weidezweige dürfen gerne im Auslauf verteilt oder an verschiedenen Stellen abgelegt werden. Durch das Abknabbern der Rinde und Blätter nehmen Pferde nicht nur zusätzliche Mineralstoffe und Vitamine auf, sondern halten sich auch für längere Zeit beschäftigt. Auch hier wird Ihr Pferd durch das Aufsuchen der verschiedenen Knabberplätze zum vermehrten Herumwandern angeregt. Zweige sind also eine weitere, tolle Möglichkeit, Ihrem Pferd die Zeit zu vertreiben und Langeweile vorzubeugen.

Durchgänge und Tore

Normalerweise sind Tore an Weiden oder Ausläufen die Plätze, an denen sich die Pferde, vor allen Dingen zu Fütterungszeiten, gerne aufhalten. Es ist fast schon so, als ob man sich hier zum Kaffeeklatsch trifft. Daher ist es wichtig, dass Sie Ihrem Auslauf- oder Weidetor genügend Aufmerksamkeit schenken und diese sorgfältig planen. Und jetzt werde ich Sie überraschen: ich empfehle Ihnen, zwei Tore pro Auslauf oder Weide einzurichten. Warum? Sie nutzen ein kleines Tor, um ihr Pferd herein- oder herauszuführen, und ein zweites, größeres Tor, um eventuell einem Traktor Zugang zu bieten. Dies kann zukünftige Kopfschmerzen vorbeugen.

Zuerst beschäftigen wir uns mit dem kleinen Tor. Es sollte so groß sein, dass Sie ausreichend Platz haben, um Ihr Pferd sicher hindurchzuführen, aber klein genug, um ein Ausbrechen der restlichen Herde zu verhindern. Eventuell ist gerade bei einer größeren Herde die Einrichtung einer Torschleuse hilfreich. So können Sie Ihr Pferd in die Schleuse hineinführen, diese schließen und dann das normale Ausgangstor öffnen, ohne dass der Rest der Rasselbande hinterher kann. Sollte sich Ihr Tor in einer Ecke befinden, kann es schnell zu einer Keilerei kommen. Legen Sie daher bitte Ihr Weidetor an einer geraden Seite Ihres Auslaufs an.
Ihr zweites Weidetor sollte mindestens 3-4 m groß sein. Bitte stellen Sie sicher, dass alle Tore sorgfältig verschlossen werden können und nicht von unbefugten Personen geöffnet werden. Ich empfehle Ihnen sogar, bei Außentoren eine doppelte Sicherung zu installieren, sprich einen Riegel und eine Kette mit Vorhängeschloss. Dass sich die Verschlussmechanismen auf der Außenseite des Tores befinden, sollte klar sein, da man ansonsten damit rechnen muss, dass der Schlauberger in der Herde so lange an diesen herumspielt, bis der Riegel offen ist. Auch hier empfiehlt sich, darauf zu achten, dass trotz allem keine Verletzungsgefahr für das Pferd besteht. Als Material für kleinere Tore eignen sich Holz- oder Stahlrohrkonstruktionen. Die Abstände zwischen den Holzlatten oder Stahlrohren sollte so bemessen sein, dass

kein Pferd mit einem Bein oder dem Kopf stecken bleiben kann. Bei großen Toren können Holzlatten schnell zu einem Gewichtsproblem werden. In diesem Fall sollte hier ein leichtes Tor aus Stahlrohr installiert werden. Schauen Sie sich auch ganz genau den Boden am Tor an. Erlaubt dieser, dass das Tor in beide Richtungen aufspringen kann, oder kann eventuell ein kleiner Einstieg das Öffnen des Tores behindern?

Zur Vorbeugung von Matsch können sie gerne Holzmulch oder Kies auslegen oder die Durchfahrt sogar mit Pflastersteinen befestigen. Ein weiterer hilfreicher Tipp ist, dass der Wassertrog der Pferde von dem Torbereich entfernt liegt. Eine weitere Maßnahme, um das Verletzungsrisiko bei Ihnen und Ihrem Pferd zu minimieren ist eine perfekte Erziehung des Pferds. Üben Sie mit Ihrem Pferd, durch das Tor zu gehen, ruhig stehenzubleiben, während Sie sich umdrehen und das Tor wieder schließen etc. Erlauben Sie keinem anderen Pferd, Sie an dem Tor zu belästigen, da eine „Schlägerei" schnell zu ernsten Verletzungen oder zum Ausbrechen der Pferde führen kann.

Auch beim Auslauf muss ausreichend Fläche, Wasser und ein Unterstand vorhanden sein. Um ein Ausbrechen zu vermeiden, muss der Auslauf sicher eingezäunt sein. Der Untergrund sollte nicht zu vermatscht werden – dazu können verschiedene Materialien ausgebracht werden. Freilauf sorgt auf jeden Fall für ein seelisches Wohlbefinden und muss für im Stall gehaltene Pferde ausreichend geboten werden.

Auslauf + Unterstand = Offenstall

Falls Sie Ihr Pferd nun ganztägig im Auslauf halten und es nicht mehr stundenweise in einen Stall oder eine Box gestellt wird, müssen Sie aus Tierschutzgründen einen Unterstand errichten. So wird Ihre Pferdehaltung schnell zu einem sogenannten Offenstall, eine der gesündesten Haltungsformen für Ihr Pferd. Wenn Sie für Abwechslung im Auslauf und eine stabile Herdengemeinschaft sorgen,

kann Ihr Pferd sich hier schon glücklich schätzen. Die Voraussetzungen an einen Auslauf können Sie im vorhergehenden Abschnitt finden.
Ihren Offenstall selbst sollten Sie sorgfältig planen und alle regionalen Vorschriften beachten. In Ihrem Bauamt können Sie sich beraten lassen und alle Vorschriften sowie Genehmigungen einholen. Unter Umständen kann es in ausgeschriebenen Wohngebieten zu Problemen mit einer Pferdehaltung kommen und Sie müssen eventuell besondere Vorlagen erfüllen. Die Größe Ihres Offenstalls mit angrenzendem Auslauf und vielleicht sogar einer zusätzlichen Weidefläche richtet sich nach der Größe Ihrer Herde. Bitte planen Sie bei dem Neubau Ihres Pferde-Paradieses aber auch ausreichend Platz für die Lagerung von Raufutter und für die Mistentsorgung ein.

Für die Höhe Ihres Offenstalls wird als Faustregel die Widerristhöhe Ihres Pferdes mit mindestens 1.5 multipliziert. So stellen Sie sicher, dass Ihr Pferd vor Kopfverletzungen geschützt ist und ein angenehmes Stallklima herrscht. Der Stall sollte luftig und hell, dabei aber vor Zugluft geschützt sein. Falls Sie Fenster mit in den Bau einbeziehen, müssen diese so hoch angebracht werden, dass sich kein Pferd daran verletzen kann, oder mit einem Gitter geschützt werden. Natürlich gilt das gleiche Prinzip für Stromkabel, Steckdosen und Lichtschalter. Jegliche elektrischen Installationen müssen übrigens von einem geprüften Elektriker installiert und abgenommen werden. Um nochmals auf Gitter zurückzukommen: diese müssen sorgfältig geplant werden. Ein zwischen zwei Gitterstäben festgesteckter Pferdehuf kann zu katastrophalen Verletzungen mit Todesfolge führen. Daher sollten die Abstände zwischen den Gitterstäben so bemessen sein, dass kein Huf dazwischen passt. Auch dürfen sich die Gitterstäbe nicht verformen.

Ihr Offenstall sollte in mindestens zwei Bereiche unterteilt werden: den Liegebereich und den Fressbereich. Ich empfehle den Bau von Fressständen, da Sie selbst bei einer Kleinstherde von nur zwei Pferden so gefahrlos und in Ruhe füttern können und sich die Pferde gegenseitig nicht belästigen. Bei mehreren Pferden ist die Errichtung von Fressständen fast schon unabdingbar.

Ein Fressstand sollte mindestens 1.80 Meter lang, 0.8 Meter breit und mindestens 1.3x Widerristhöhe hoch sein. Die Trennwände müssen in der unteren Hälfte solide gebaut sein, im oberen Bereich sollten sich aber Sehschlitze befinden. Im Vorderbereich befindet sich der Futterbereich mit einer Raufe (Achtung, bitte auf den Abstand zwischen den Gitterstäben achten!) und einem Trog oder Eimer. Am gesündesten ist die bodennahe Fütterung, da sich Ihr Pferd in seine natürliche

Fresshaltung mit einem Ausfallschritt stellt. Das Prinzip des Fressstandes ist einfach: zur Fütterungszeit sucht jedes Pferd einen Stand auf. Nun kann auch ein ranghohes Tier dieses Pferd nicht mehr aus dem Futterstand vertreiben, da nur noch das gefährliche Hinterteil, welches schnell mal ausschlagen kann, zugänglich ist. Beim Bau Ihrer Fressstände können Sie dann gleich noch den Raum für die Lagerung Ihres Futters am Fressende planen und machen sich dadurch die Arbeit nochmal einfacher! Natürlich sollte kein Pferd Zugang zum Rau- oder Kraftfutter haben, da dies zu einer lebensgefährlichen Kolik oder genauso gefährlichen Hufrehe führen kann.

Der Liegebereich sollte bei mehr als zwei Pferden durch einen Balken in der Mitte mit ausreichend Platz zu allen Seiten unterteilt werden. So kann auch ein rangniedriges Pferd Schutz suchen. Natürlich muss der Eingang Ihres Offenstalls so groß sein, dass kein Pferd diesen blockieren kann – eventuell empfehlen sich sogar zwei Eingänge. Der Boden sollte über eine gute Drainage und eine weiche Einstreu verfügen, die zum Ablegen anregt. Hierzu eignen sich Stroh oder Sägespäne. Als Hygienemaßnahme muss der Offenstall täglich ausgemistet werden, da sich Pferde nur ungern in ihre eigenen Ausscheidungen hinlegen. Als kleine Zusatzmaßnahme können Sie außerhalb des Ruhebereichs etwas Einstreu ausbringen, sodass Ihr Pferd dann gerne dort uriniert. Auch dieser Flecken Einstreu muss regelmäßig, wie die Streu im Liegebereich, ausgetauscht werden. Leider sind Pferde nicht stubenrein und es findet sich in jeder Herde, zur Missgunst des Besitzers, ein kleines Schweinchen.

Natürlich versteht es sich von selbst, dass Sie Ihre Einstreu, egal ob Sägespäne oder Stroh, sauber und trocken lagern. Bei zu viel Feuchtigkeit kann ihr Einstreumaterial nämlich verschimmeln und somit Gesundheitsprobleme bei ihrem Pferd verursachen, wie zum Beispiel Atemwegs- oder Verdauungserkrankungen. Ein einfacher Sandboden als Einstreu eignet sich leider nicht als Einstreu im Stall, da er relativ unhygienisch ist, keinen Urin aufsaugt und somit zu Atemwegserkrankungen und Hufproblemen führen kann. Im Auslauf selbst aber, in dem dieser Sand vom Regen gereinigt werden kann, wird er schnell für alle Pferde zu einem beliebten Liegeplatz. Auch werden ab und an Zeitungschnitte als Einstreu Material verwendet. Diese können aber entweder Heftklammern enthalten oder können, wenn sie aus Langeweile verzehrt werden, zu Problemen führen. Heutzutage werden auch gerne gepresste Strohpellets oder Hanfpellets als Einstreumaterial angeboten. Diese zersetzen sich mit dem Pferdeurin zu einem weichen Material, können den Urin gut binden und halten die Geruchsbelästigung in Schach.

Allerdings sind diese Pellets relativ teuer. Somit weichen viele Pferdehalter auf Gummimatten aus, die sie auf den Stallboden legen. Leider laden diese nackten Gummimatten absolut nicht zum Hinlegen ein, vor allen Dingen, wenn Sie mit Ausscheidungen verschmutzt sind. Ein weiterer Minuspunkt für Gummimatten ist die Tatsache, dass sich unter ihnen der Pferdeurin ansammelt und somit zu einem erhöhten Ammoniakgehalt in der Stallluft führt. Selbst im gut durchlüfteten Offenstall kann diese Geruchsbelästigung zu einem echten Problem werden. Wenn sie über Gummimatten verfügen, die sich von unten reinigen lassen, und sie gerne diese Extraarbeit eingehen wollen, können Sie die Matten als Untermaterial für die normale Einstreu verwenden. Bitte vergessen Sie nicht, diese regelmäßig aus dem Stall herauszunehmen und von oben und unten abzuwaschen.

Die zweitbeste Möglichkeit, das Pferd glücklich und gesund zu erhalten, ist die Haltung im Offenstall, bei der das Pferd selbst entscheiden kann, ob es sich in einem überdachten Bereich oder im Freien aufhalten möchte. Durch eine intelligente Gestaltung des Offenstalls und des angrenzenden Auslaufs kann der Bewegungsanreiz für die Herde erhöht werden.

Stallhaltung

Viele Pferde, vor allen diejenigen Pferde, die aktiv im Leistungssport genutzt werden, müssen einen Teil ihrer Zeit im Stall verbringen. Für eine Stallhaltung kann es noch weitere Gründe geben: wenn ein Pferd zum Beispiel an einer Verletzung leidet, kann vom Tierarzt Boxenruhe verordnet werden. Auch ältere Pferde brauchen vielleicht in der kälteren Jahreszeit einen Extraschutz vor schlechtem Wetter. Leider kommt die Boxenhaltung aber auch mit einigen Nachteilen daher. Da Pferde von Natur aus viel Sozialkontakt und Bewegung brauchen und diese Bedürfnisse bei einer Stallhaltung eventuell nicht ausreichend gedeckt werden können, kann die Stallhaltung zu Problemen führen. Ein Festlegen (Pferd kann nicht mehr aufstehen) nach dem Wälzen oder eine Verletzung an der Stalleinrichtung sind nur einige. Auch sind Pferde, die aufgestallt sind, durch den Bewegungsmangel anfälliger für Verstopfungskoliken als Pferde, die sich 24 Stunden lang frei bewegen können.

Aber nicht nur die physischen Nachteile komplettieren diese Liste. Durch Langeweile können oft Verhaltensstörungen wie Weben, Koppen, am Holz kauen, Kopfschütteln oder andere stereotypische Verhaltensweisen auftreten. Diese werden in einem eigenen Abschnitt noch im Detail besprochen. Oft ist es auch so, dass Pferde aufgrund der angestauten Energie aggressiv reagieren, vorbeigehende Pferde attackieren oder an die Stallwand ausschlagen. Diese Verhaltensweisen sind Anzeichen für ein erhöhtes Stresslevel. Denken Sie bitte daher immer daran, dass Sie laut Gesetzgeber dazu verpflichtet sind, Ihrem Pferd genügend Auslauf und Bewegung zu bieten. Diese führen nicht nur zu einem glücklicheren, sondern auch gesünderen Pferd!

Falls Sie sich für eine Stallhaltung Ihres Pferdes entscheiden, können Sie zwischen drei verschiedenen Haltungsformen auswählen: einer Innenbox, Außenboxhaltung oder einer Außenbox mit anschließendem Kleinauslauf.

Bitte beachten Sie, dass in Deutschland die früher so übliche Ständerhaltung der Arbeitspferde verboten ist. Natürlich wäre eine Außenbox mit anschließendem Auslauf die gesündeste der drei aufgeführten Optionen. Oft aber sind Stellplätze für eine Außenbox mit Auslauf rar und heißbegehrt.
Achtung: ein Kleinauslauf ist keine Alternative zur normalen, freien Bewegung in einem Auslauf. Auch wenn Sie ihr Pferd in einem Reitstall unterstellen, wird es häufig in einer Innen- oder Außenbox stehen müssen. Hier ist natürlich die Außenbox vorzuziehen, da diese es dem

Pferd ermöglicht, seine Umgebung zu beobachten und somit weniger Langeweile aufkommt.

Beachten Sie bitte, dass der Stall Ihres Pferdes ausreichend beleuchtet und belüftet ist. Die Beleuchtung im Stall muss vor allen Dingen bei einer Innenboxhaltung ausreichend sein; nicht nur auf der Stallgasse, sondern auch in der Box selbst. Im Idealfall ist ein ausreichend großes Fenster, welches mit einem Gitter geschützt wird, vorhanden. Der ausreichenden Belüftung im Stall wird oft eine zu geringe Bedeutung beigemessen. Zu jeder Jahreszeit sollten Sie daher darauf achten, dass zwischen der Außenluft und der Luft im Inneren des Starts keine großen Temperaturunterschiede entstehen. Zugluft sollte auf jeden Fall vermieden werden, da Pferde relativ anfällig für Atemwegserkrankungen sind und ein konstanter Luftzug die Entstehung dieser begünstigen kann. Für das Wohlbefinden Ihres Pferdes trägt eine trockener und der Jahreszeit entsprechend, gut temperierter Stall einen erheblichen Anteil.

Die Abmessungen der Boxen sollten mindestens 2x Widerristhöhe zum Quadrat betragen und im Idealfall natürlich größer sein. Zumindest ein Sichtkontakt zum Boxennachbarn sollte durch die Verwendung von Gitterstäben ermöglicht werden, besser wäre allerdings, wenn die Trennwände nur bis zu einer bestimmten Höhe reichen, sodass zwischen befreundeten Pferden ein Kontakt möglich ist. Bei Außenboxen sollte die obere Tür der Boxen so oft wie möglich geöffnet sein. Dadurch kann Ihr Pferd nach draußen und ist somit den wichtigen Umweltreizen ausgesetzt. Auch gilt bei der Boxenhaltung, wie in allen Bereichen der Pferdehaltung, dass strengstens darauf geachtet wird, scharfe Kanten zu vermeiden, da diese eine Verletzungsgefahr für Ihr Pferd darstellen.

Auch in der Box muss Ihr Pferd jederzeit Zugang zu sauberem Wasser haben. Oft werden in größeren Ställen hierzu automatische Tränkbecken in einer Ecke der Box installiert, die sich von selbst füllen. Raufutter wird entweder in einer Raufe, die nie über Widerristhöhe angebracht werden sollte, einem Heunetz oder vom Boden gefüttert. Für die Kraftfuttergabe steht normalerweise ein Trog zur Verfügung, oft aber werden auch Eimer oder Gummischalen in die Box gestellt oder gehangen. In regelmäßigen Abständen müssen Tränke und Trog gereinigt werden. Mehr zur Pferdefütterung finden Sie anschließend in einem eigenen Kapitel.
Weiterhin werden Sie über Anbindemöglichkeiten innerhalb und außerhalb der Box dankbar sein.

Viele Pferde werden weiterhin in Ställen gehalten. Bitte sorgen Sie für ausreichend Freilauf in einem Auslauf, für eine pferdesichere Installation der Box und für die Möglichkeit, zumindest den Kopf ins Freie zu stecken. Halbhohe Stallwände ermöglichen den Kontakt zwischen den Pferden. Achten Sie bitte auch auf viel Luft (keine Zugluft) und Licht.

So ein Mist aber auch

Leider ist das regelmäßige Ausmisten und die korrekte Lagerung und Entsorgung des Pferdemists ein notwendiges Übel in der Pferdehaltung. Und mit regelmäßig meine ich TÄGLICH. Das Ausmisten beugt nicht nur dem Parasitenbefall und der Fliegenplage, sondern auch der Geruchsbelästigung und somit einem eventuellen Konflikt mit den Nachbarn vor. Gerade in Wohngebieten ist es wichtig, den Mist so zu lagern und zu entsorgen, dass der nachbarschaftliche Frieden nicht gestört wird.

In Wasserschutzgebieten muss besondere Vorsicht gewaltet werden. Hier kann Ihnen Ihre Gemeinde vorschreiben, dass Sie eine wasserdichte Betonplatte für die Mistlagerung anlegen. Falls dies der Fall ist, sollten Sie

darauf achten, dass diese einen Abfluss hat, der in eine separate Jauchegrube führt. Leider kann ein 500 Kilo-Pferd zwischen acht bis zehn Tonnen Pferdeäpfel pro Jahr produzieren. Rechnen Sie dazu noch zehn Kilo Urin plus die verschmutzte Einstreu, dann kommt schnell eine gute Menge zusammen. Mit Einstreu müssen Sie pro Pferd im Jahr mit 13 bis 15 Kubikmeter Mist rechnen.
Vor der Einrichtung Ihres Mistplatzes schauen Sie sich bitte genauestens um. Natürlich sollte dieser soweit vom Stall oder vom Auslauf entfernt sein, dass die Pferde nicht unter der Geruchs- und Fliegenplage leiden. Halten Sie Ihren Mistplatz aber bitte auch weit genug von Ihrem eigenen Haus, dem Ihrer Nachbarn und den Grundstücksgrenzen fern. Die Kehrseite dazu ist, je weiter Ihr Misthaufen vom Stall entfernt ist, desto mehr Arbeit müssen Sie mit der Schubkarre aufwenden. Finden Sie daher eine für alle Parteien geeigneten Kompromiss. Ein kleiner, befestigter Weg aus Pflastersteinen oder Holzplanken erleichtert Ihnen gerade im feuchten Wetter die Arbeit.

Im Idealfall haben Sie vielleicht sogar die Möglichkeit, Ihren Pferdemist und die Einstreu zu kompostieren. Daraus kann wertvolle Gartenerde entstehen, die gerne von Gärtnereien oder auch Privatpersonen abgeholt werden kann. Leider mögen nicht alle Pflanzen frischen Pferdemist, sondern eher einen gut kompostierten

Boden. Aber vielleicht finden Sie über Inserate in der lokalen Zeitung jemanden, der gerne frischen Pferdemist als Dünger verwenden möchte.
Falls Sie die Möglichkeit haben, Ihren Pferdemist zu kompostieren, beachten Sie auch hier die Auflagen, die Ihnen Ihre Gemeinde vorschreibt. Eine schattige Lage des Komposthaufens hilft dabei, den Kompostierungsvorgang zu beschleunigen, und ein Überstreuen von Algenkalk hilft dabei, entstehende Gerüche in Schach zu halten. Beim Kompostieren werden übrigens alle Parasiteneier und Fliegenlarven durch den Temperaturanstieg im Inneren des Komposthaufens abgetötet. Somit besteht nach der vollständigen Kompostierung für Ihr Pferd keine Gesundheitsgefahr mehr.

Sie können dadurch auch gerne Ihren eigenen Kompost zur Düngung der Pferdeweide nutzen. Für eine erfolgreiche Kompostierung muss Ihr Misthaufen gut durchlüftet werden; dies können Sie durch ein regelmäßiges Umschichten des Haufens erreichen. In trockenen Sommern sollten Sie weiterhin ab und an Ihren Misthaufen wässern. Eventuell haben Sie auch die Möglichkeit, mit einem Bauern zu sprechen, sodass dieser Ihren Mist regelmäßig abholen kann. Eine Zufahrt zum Misthaufen, die groß genug für einen Traktor oder Anhänger ist, hilft dabei natürlich immens. Eventuell müssen Sie leider in den sauren Apfel beißen, einen

Müllcontainer bestellen und Ihren Mist von der Müllabfuhr abholen lassen, sodass dieser korrekt entsorgt werden kann.

Die Entsorgung von Pferdemist kann entweder über die Abgabe an Abholer, die Entsorgung durch die Müllabfuhr oder durch ein Kompostieren erfolgen. Bei der Anlage eines Misthaufens müssen die örtlichen Vorschriften beachtet werden.

Gesundheit: Horse-Spital, Erste Hilfe für das Pferd und wie ich mir meinen Tierarzt zum Freund mache

Pferde sind für die verschiedensten Probleme relativ anfällig, vor allen Dingen diejenigen, die den Bewegungs- und Verdauungsapparat beeinflussen. Daher sollten Sie Ihr Pferd regelmäßig impfen, die Zähne kontrollieren und entwurmen lassen. Weiterhin ist es für die Gesundheit des Pferds unerlässlich, alle vier bis sechs Wochen von einem staatlich geprüften Hufschmied ausgeschnitten und eventuell beschlagen zu werden. Im Folgenden werden die wichtigsten Maßnahmen zur Gesundhaltung Ihres Pferdes vorgestellt. Bitte beachten Sie, dass Sie im Falle eines Problems sofort den Tierarzt Ihres Vertrauens kontaktieren, anstelle im www nach einer Lösung zu suchen. Eine Suche im Internet kann Sie im Ernstfall kostbare Zeit kosten.

Tierarzt? Warum, mein Pferd wird doch nie krank!

Auch wenn Sie glauben, dass Ihr Pferd absolut gesund ist und nie krank werden wird, sollten Sie schon vor einem Krankheits- oder Notfall einen Tierarzt kontaktieren. Dieser sollte Ihr Pferd mindestens ein- bis zweimal im Jahr untersuchen. Weiterhin besteht in Deutschland, wie unten angegeben, eine Impfpflicht für bestimmte

Krankheiten. Aber auch, wenn Sie sich gerade erst einen neuen Vierbeiner in den Stall geholt haben, sollte dieser sofort untersucht werden. Idealerweise sollten Ihr Tierarzt aber schon vor dem Kauf einen Blick auf den potentiellen Neuzugang werfen.
Durch die Routineuntersuchungen lernt Ihr Pferd nicht nur Ihren Tierarzt kennen, sondern auch umgekehrt. Dies kann die Arbeit des Arztes im Krankheitsfall unglaublich erleichtern. Und wenn Ihr Tierarzt nicht nur Ihr Pferd, sondern auch Ihren Stall oder Ihr Grundstück kennt, kann dadurch im Notfall wertvolle Zeit gespart werden. Am besten setzen Sie sich mit Pferde- oder Stallbesitzern zusammen, die Ihnen einen geeigneten Tierarzt empfehlen können.

Neben einem gut beleuchteten, überdachten und mit festem Boden ausgestatteten Platz mit mehreren Anbindemöglichkeiten, sollte sich Ihr Pferd überall problemlos anfassen lassen. Auch das Injizieren kann mit einer Plastikspritze und einigen Leckerlis geübt werden. So gehen Sie sicher, dass Ihr Pferd im Ernstfall bestens vom Tierarzt behandelt werden kann.

Hören Sie sich unter Pferdemenschen um und treffen Sie verschiedene Tierärzte. Ein guter Kontakt und Kommunikation sind ausschlaggebend für die Behandlung einer Erkrankung Ihres Pferdes. Am Ende zählt: folgen Sie Ihrem Bauchgefühl!

Impfungen

Impfungen sind speziell erstellte Stoffe, die den Körper stimulieren, Antikörper für eine spezifische Krankheit zu bilden. Die meisten Impfstoffen werden durch eine Injektion in den Muskel gegeben, es gibt aber auch einige Ausnahme, wie zum Beispiel intranasale Impfstoffe (über die Nüstern). Normalerweise muss eine Runde von zwei Impfungen appliziert werden, um das Immunsystem zu stimulieren; danach wird in regelmäßigen Abständen nur noch eine Auffrischung benötigt. Impfungen reduzieren entweder die Möglichkeit, zu erkranken, oder, falls eine Infektion nicht hundertprozentig verhindert werden kann, verringern sie die Schwere der Krankheit und gleichzeitig das Infektionsrisiko für weitere Pferde. In Deutschland sind mindestens zwei Impfungen für Ihr Pferd vorgeschrieben, die Impfung gegen Tetanus (Wundstarrkrampf) und gegen Equine Influenza. Je nach

Bundesland und Region können auch weitere Impfungen sinnvoll sein, wie zum Beispiel gegen Tollwut.

Tetanus (Wundstarrkrampf)

Tetanus ist eine normalerweise tödlich verlaufende Krankheit, die vom Bakterium Clostridium tetani verursacht wird. Dieses ist ein im Boden natürlich vorkommender Krankheitserreger, der durch die kleinsten Wunden, die Sie schnell einmal übersehen können, in den Körper des Pferdes eindringt. Der Erreger beginnt, Toxine zu produzieren, sodass die Muskeln steif werden und es dem Pferd immer schwerer fällt, sich zu bewegen. Oft zeigen Pferde eine Stellung mit ausgestreckten Beinen, die sogenannte Holzbock-Stellung, und ein deutliches Schmerzgesicht mit angespannten Muskeln und angsterfülltem Blick. Das dritte Augenlid wird bei Stimulation sichtbar. Da Pferde mit dieser Erkrankung nicht mehr fressen können und die Paralyse die Atmung erschwert, führt diese Krankheit normalerweise zum Tod. Vor allen Dingen Weidepferde sollten unbedingt gegen Tetanus geimpft werden.

Equine Influenza

Wie die normale Herbstgrippe, die jedes Jahr umgeht, können auch Pferde unter Grippe leiden. Diese wird natürlich durch pferde-spezifische Grippeviren hervorgerufen und kann Fieber, Husten und Nasenausfluss verursachen. Bei älteren oder kranken Pferden sowie Fohlen kann die Influenza bis zum Tod führen. Das größte Problem aber ist, dass diese Krankheit unglaublich ansteckend ist. Nur durch regelmäßige Impfungen kann eine großflächige Ausbreitung der Influenza verhindert werden. Daher müssen alle Turnierpferde, die mit vielen verschiedenen Pferden in Kontakt kommen, alle sechs Monate eine Auffrischung erhalten.

Bitte besprechen Sie alle notwendigen Impfungen mit Ihrem Tierarzt. Dieser kann Sie ausführlich beraten und ein individuelles Impfschema für Ihr Pferd erstellen. Sollten Sie einen Neuzugang in Ihrer Herde haben und es bestehen Unklarheiten über den Impfschutz dieses neuen Pferds, empfehle ich Ihnen, mit einer kompletten Grundimmunisierung anzufangen, um auf Nummer Sicher zu gehen.

Um die Gefahr des Erkrankens an einer bestimmten Krankheit zu verringern, gibt es die verschiedensten Impfstoffe auf dem Markt. Eine Impfung gegen Tetanus ist ein absolutes Muss und kann Ihrem Pferd das Leben retten. Bitte beraten Sie sich mit Ihrem Tierarzt.

Wurmkuren

Da Pferde heute leider nicht mehr soviel herumwandern können und somit ihre eigenen Nachlassenschaften vermeiden können, sollten Sie Ihr Pferd regelmäßig entwurmen lassen. Rund-, Spul-, Zwergfadenwürmer und Bandwürmer sind nur einige der Parasiten, die Pferdegedärme befallen können und Verletzungen der Darmschleimhaut, Mangelerscheinungen und Verstopfungskoliken, die teils tödlich enden können, verursachen. Falls sich Ihr Pferd oft am Schweif kratzt, es beim besten Willen nicht zunehmen möchte und sie vielleicht sogar kleine Wurmpartikel in frisch abgesetzten Pferdeäpfeln finden, ist es auf jeden Fall Zeit für eine Wurmkur. Diese können entweder in regelmäßigen Abständen (vor dem Weideauftrieb, nach dem Weideabtrieb und einmal im Sommer) mit wechselnden Wirkstoffen durchgeführt werden, um Resistenzen der

Parasiten zu vermeiden. Die zweite Möglichkeit besteht in einer selektiven Entwurmung, bei der regelmäßig Kotproben auf Parasiteneier und Larven untersucht werden. Je nach Befall wird dann entwurmt. Der Vorteil dieser Methode ist, dass man auf die spezifischen Erreger zugehen kann und somit einer unnötige Medikamentengabe und Resistenzentwicklung vorbeugt. Allerdings ist das regelmäßige und korrekte Nehmen von Kotproben arbeitsintensiver.

Im Herbst sollten Sie Ihr Pferd noch gegen Magendasseln behandeln, da diese sich im Magen ansammeln und die Magenschleimhaut beschädigen können. Als weitere Maßnahme zur Vorbeugung können Sie regelmäßig die kleinen, gelben Eier der Dasselfliege, die an den Haaren am Vorderbein abgelegt werden, abschaben.

Wurmkuren werden vor allen Dingen als Paste gegeben, die Sie seitlich in den zahnlosen Teil des Mauls hereindrücken. Mit einem Drehrad wird ganz bequem die Dosierung eingestellt, die sich je nach dem Körpergewicht Ihres Pferdes berechnen lässt. Und sollte sich Ihr Pferd damit nicht so gerne abfinden, können Sie mehrmals wöchentlich mit einer Plastikspritze ohne Nadel üben. Mit Apfelmus, Honig oder Zuckerwasser gefüllt, machen Sie somit Ihrem Pferd die zukünftigen Wurmkuren ganz schmackhaft.

Auch beim Entwurmen gilt wieder, dass Sie am besten mit Ihrem Tierarzt besprechen, um einen Entwurmungsplan zu erstellen. Und ganz zum Schluss: denken Sie bitte daran, dass das Entwurmen leider nicht das sorgfältige Abmisten der Weiden und Ausläufe ersetzt.

> Ein Parasitenbefall kann zu ernsten Gesundheitsproblemen führen. Am besten beraten Sie sich mit Ihrem Tierarzt, um sich für eine systematische Entwurmung nach Plan oder für eine selektive Entwurmung je nach Befall zu entscheiden.

Zahnpflege

Auch beim Pferd gilt: der Gang zum Zahnarzt ist Pflicht! Da Pferde heute nicht mehr den Großteil des Tages mit dem Fressen von Gräsern, Rinden und Laub verbringen, ihre Zähne aber ständig wachsen, können schnell Probleme durch hervorstehende und irritierende Zahnhaken und scharfe Zahnkanten entstehen. Weiterhin ist der Oberkiefer eines Pferds breiter als der Unterkiefer, was die Entstehung dieser Probleme nochmals begünstigt. Dadurch nutzen sich die Zähne ungleichmäßig oder ungenügend ab. Ein Blick in das Maul bringt hier schnell Klarheit! Dies sollte aber mindestens einmal im

Jahr durch einen Pferde-Zahnpfleger oder Tierarzt vorgenommen werden. Haken und Kanten können dann abgeschliffen, entzündete Zähne gezogen oder Zahnstein entfernt werden. Durch ein Maulgatter wird das Maul des Pferds offengehalten. Auch wenn manche Pferde eine leichte Sedierung benötigen, um diese Prozedur gefahrlos durchführen zu können, und die Behandlung eher gewöhnungsbedürftig ist, ist schon vielen "Problempferden" mit schlechtem Verhalten, welches durch schmerzende Zahnhaken hervorgerufen wurde, geholfen worden.

Ein Blick ins Pferdemaul steht mindestens einmal im Jahr an, da sich die Zähne unserer Pferde nicht mehr regelmäßig abnutzen.

Erste Hilfe fürs Pferd

Jeder Pferdehalter muss über bestimmte Grundkenntnisse der Pferdegesundheit und Erste Hilfe im Falle eines Notfalls verfügen. In diesem Abschnitt werden wir die wichtigsten Punkte ansprechen, empfehlen aber, dass Sie eventuell einen Kurs zur Pferdegesundheit besuchen oder sich von Ihrem Tierarzt die grundlegenden Behandlungs- und Untersuchungsmethoden zeigen lassen, die Ihnen im Fall der Fälle zu Gute kommen können.

Vitalfunktionen oder: geht's meinem Pferd gut oder hat es nur einen schlechten Tag?

Nachdem Ihnen Ihr Tierarzt gezeigt hat, wie die einfachsten Erste-Hilfe-Maßnahmen durchgeführt werden, können Sie ihn gerne auch gleich bitten, Ihnen das Kontrollieren der Vitalfunktionen beizubringen. Diese umfassen Körpertemperatur, Puls und Atemfrequenz.

Weiterhin werden im Krankheitsfall auch oft die Kapillarfüllzeit und die Farbe der Schleimhäute kontrolliert. Bitte beachten Sie, dass Temperatur, Herzschlag und Atemfrequenz nach einer Belastung oder im Krankheitsfall erhöht sein können. Daher ist es wichtig, dass die Kontrollwerte beim ruhenden Pferd genommen werden.

Die Vitalfunktionen sind die Funktionen, die die lebenswichtigen Vorgänge im Körper aufrechterhalten. Eine Abweichung vom Normalwert kann daher oftmals auf ein medizinisches Problem hinweisen. Bevor Sie die Vitalfunktionen im Krankheitsfall überprüfen ist es für Sie wichtig, die normalen Werte für Ihr Pferd zu kennen. Bei einem ausgewachsenen Pferd liegt die normale Körpertemperatur bei 37,2 bis 38,3 °C. Eine Herzfrequenz von 28 bis 44 Schlägen pro Minute wird bei einem ruhenden Pferd als normal angesehen, die Atemfrequenz liegt bei ungefähr 10 bis 24 Atemzügen pro Minute. Diese Werte sollten Sie sich irgendwo sichtbar notieren, sodass Sie diese sofort zur Hand haben.

Körpertemperatur (37,2 bis 38,3 °C)

Um die Körpertemperatur Ihres Pferdes zu messen, sollten Sie ein digitales Fieberthermometer verwenden. Dieses wird mit einem wischfesten Markierstift eindeutig als Pferdethermometer beschriftet werden. Das eingefettete Thermometer wird leicht nach oben gerichtet in das Rektum Ihres Pferdes eingeführt. Zu Ihrer eigenen Sicherheit sollten Sie dabei niemals direkt hinter dem Pferd stehen, sondern sich eher seitlich am Hinterteil des Pferdes befinden. Bitte halten Sie das Thermometer während der gesamten Wartezeit fest. Als Sicherheitsmaßnahme können Sie auch gerne eine Schnur mit einer Wäscheklammer an das Thermometer binden, sodass man diese in den Schweif einklippst und somit dem spurlosen Verschwinden des Thermometers vorbeugt. Nachdem die Temperatur genommen worden ist, kontrollieren Sie diese bitte und schreiben Sie sie auf.

Puls (28 bis 44 Schläge pro Minute)

Um den Puls Ihres Pferdes zu fühlen, ertasten Sie bitte die Arterie auf der Innenseite des Unterkiefers. Zählen Sie 15 Sekunden lang, wie viele Doppelschläge Sie fühlen, multiplizieren Sie diese mit Vier - somit ergeben sich die Pulswerte für eine komplette Minute. Falls Sie über ein Stethoskop verfügen, können sie gerne den Herzschlag direkt in der Gurtlage hinter dem linken Ellenbogen des Pferdes abhören.

Atemfrequenz (10 bis 24 Atemzüge pro Minute)

Das Feststellen der Atemfrequenz ist ganz einfach: schauen Sie auf die Flanke Ihres Pferdes oder auf die

Nüstern, zählen Sie eine Minute lang mit und schreiben Sie sich den Wert auf.

Kapillarfüllzeit, Farbe und Zustand der Schleimhäute

Die Kapillarfüllzeit kann Ihnen wichtige Hinweise auf einen niedrigen Blutdruck und andere Probleme geben. Ziehen Sie dazu die Lippen des Pferdes leicht auseinander, um das Zahnfleisch freizulegen. Ein leichter Druck mit dem Daumen auf das hellrote Zahnfleisch hinterlässt normalerweise einen helleren Abdruck, der sofort wieder verschwindet. Bleibt dieser Abdruck jedoch für länger als eine Sekunde bestehen, ist etwas nicht in Ordnung. Blasses oder sogar weißes Zahnfleisch deuten auf einen niedrigen Blutdruck hin. Eine blaue oder tiefrote Farbe bedeuten oft, dass eine Notfallsituation mit sofortigem Hinzuziehen des Tierarztes vorliegt. Eine gelbe Verfärbung kann auf Leber- und Nierenstörungen, wie im Fall von Vergiftungen, hinweisen. Auch kann ein dunkler Ring um die Zähne eine ernste Erkrankung anzeigen.

Darmgeräusche und Mistkontrolle

Weiterhin sollten Sie sich mit den Darmgeräuschen eines gesunden Pferdes bekannt machen. Dazu legen Sie Ihr Ohr oder ein Stethoskop hinter der letzten Rippe an den Bauch des Pferdes und hören sorgfältig zu. Normale Darmgeräusche zeichnen sich durch ein leichtes

Grummeln und Quietschen in den verschiedenen Bauchbereichen aus. Kontrollieren Sie die Darmgeräusche bitte auch auf der anderen Seite des Pferdebauchs. Falls es sich in diesem wie in einer Waschmaschine anhört, ist etwas nicht in Ordnung. Für den Fall, dass sie absolut keine Darmgeräusche hören können, rufen Sie bitte sofort den Tierarzt an. Eine absolute Stille im Bauch kann auf eine Verstopfungskolik oder einen Darmverschluss mit der Gefahr des Absterbens von Bereichen des Verdauungssystems hinweisen. Dies ist ein absoluter Notfall, bei dem Lebensgefahr für das Pferd besteht!

Es ist empfehlenswert, dass Sie die Vitalfunktionen Ihres Pferdes über mehrere Tage zu verschiedenen Uhrzeiten kontrollieren, sodass Sie sich einen Überblick verschaffen können, was normal, und was für Ihr Pferd abnormal ist.

Für den Fall, dass sich Ihr Pferd verletzt hat, sollten Sie das Anlegen eines Wundverbands oder Druckverbands üben. Gerade an den Beinen oder am Schweif kann ein Verband oder eine Bandage, die mit zu viel Druck und ohne ausreichende Polsterung abgelegt wurde, zum Abdrücken der Durchblutung und somit zu bleibenden Schäden führen.

Im Fall von Hufverletzungen oder einem Hufgeschwür ist das Anlegen eines Hufverbands notwendig. Auch dieses kann Ihnen entweder vom Tierarzt oder – für den Hufverband - von Ihrem Hufschmied gezeigt werden. Stark blutende oder offene Wunden, die sich an den Beinen befinden, sollten auf jeden Fall von einem Tierarzt angeschaut werden. Tiefe Wunden, als auch Wunden, aus denen pulsartig hellrotes Blut strömt, stellen einen Notfall dar, bei dem Sie sofort den Tierarzt anrufen sollten.

Kleine Kratzer oder oberflächliche Wunden können auch gerne von Ihnen selbst versorgt werden. Dazu wird die Wunde mit einem Desinfektionsmittel gereinigt, wie zum Beispiel mit einer Jodlösung und danach mit einer antibiotikahaltigen Creme versorgt. Falls die Wunde stark verschmutzt ist oder eventuell vom Tierarzt genäht werden muss, sollten Sie diese mit steriler Kochsalzlösung auswaschen, einen leichten Wundverband auflegen und auf den Tierarzt warten.

Bei Augenverletzungen muss sofort der Tierarzt angerufen werden. Dieser wird Sie durch die Prozedur zum Entfernen eines eventuellen Fremdkörpers leiten, oder wird Ihnen erklären, wie Sie Ihr Pferd während der Wartezeit bis zu seiner Ankunft versorgen können. Ich empfehle Ihnen auf jeden Fall, dass Sie im Zweifelsfall immer Ihren Tierarzt anrufen, bevor Sie zu lange warten und sich ein Problem zu einer ernsthaften Krankheit oder Verletzung entwickeln kann. Auch der Tierarzt wird es

Ihnen danken. Seien Sie also immer auf eventuelle Notfälle vorbereitet und haben Sie immer die Nummer Ihres Tierarztes zur Hand. Bitte zögern Sie nicht, diesen anzurufen.

Wie kann ich aber feststellen, ob mein Pferd wirklich krank ist oder vielleicht nur einen schlechten Tag hat? Beobachten Sie Ihr Pferd bitte ganz genau. Ich empfehle vor allen Dingen, sich das Verhalten des Pferdes zu den verschiedensten Tages- und Nachtzeiten anzuschauen, sodass Sie sofort feststellen, wenn irgendetwas nicht stimmt. Beobachten Sie ganz genau die Körpersprache Ihres Pferdes. Lässt es den Kopf hängen? Vielleicht ist es einfach nur müde, vielleicht ist es aber tatsächlich krank. Hat Ihr Pferd ein Bein angewinkelt? Handelt es sich hierbei um ein Hinterbein, dann gehört das Anwinkeln zur normalen Ruheposition ihres Pferdes, da diese im Stehen schlafen können. Natürlich kann es aber auch der Fall sein, dass Ihrem Pferd dieser Hinterhuf wehtut. Sobald es sich in Bewegung setzt, sollten Sie darüber Klarheit bekommen. Stellt Ihr Pferd seinen Vorderhuf nicht auf den Boden auf oder streckt ihn nach vorne heraus, dann bedeutet das normalerweise, dass etwas in diesem Huf oder Vorderbein schmerzt.

Falls Sie mitbekommen, dass sich Ihr Pferd exzessiv hinlegt oder wälzt, dann kann dies auf ernste Gesundheitsprobleme hindeuten. Oft handelt es sich hier um eine Kolik.

Als Koliken wird allgemein ein Unwohlsein im Bauchbereich bezeichnet. Da Pferde einen unglaublich langen Verdauungsapparat besitzen und anatomisch nicht in der Lage sind, sich zu übergeben, sind Koliken als echte Notfälle zu behandeln, bei denen sofort der Tierarzt hinzugezogen werden muss. Andernfalls kann eine Kolik tödlich enden. Weitere Anzeichen für eine Kolik sind das Umdrehen zum Bauch, ein angsterfüllter Blick, das Treten mit den Hinterbeinen gegen den Bauch, eine verstärkte

Atemfrequenz und ein erhöhter Puls. Auch zeigen Pferde ein deutliches Schmerzgesicht, bei dem die Nüstern hochgezogen werden, sich tiefe Falten über den Augen bilden und der Blick in den Augen generell leer zu sein scheint. Ein Ignorieren Ihres Pferds, sobald Sie auf es zugehen, kann weiterhin auf ein Unwohlsein hinweisen. Ein Alarmsignal ist auch, wenn Ihr Pferd keinen Appetit hat oder wenn es die Nahrungsaufnahme verweigert. Schauen Sie also bitte immer nach, wie viel Heu oder Kraftfutter Ihr Pferd verzehrt und wie viel Wasser Ihr Pferd getrunken hat. Die nähere Untersuchung der Pferdeäpfel kann weiteren Aufschluss über eventuelle Probleme geben. Diese sollten rund geformt sein und unter Druck mit den Fingern leicht zerfallen. Falls die Pferdeäpfel sehr hart oder trocken sind, kann dies auf eine Austrocknung hindeuten, vor allen Dingen, wenn nur wenig oder gar kein Wasser getrunken wurde. Schleim auf den Pferdeäpfeln weist auf eine Irritierung des Darms hin. Es könnte sich um eine Entzündung handeln. Durchfall kann die verschiedensten Ursachen haben und schnell zu einer weiteren Austrocknung des Körpers führen. Die Feststellung der Ursachen und Behandlung sollte Ihr Tierarzt vornehmen, den Sie auf jeden Fall anrufen sollten.

Während Sie Ihr Pferd beobachten, werfen Sie auch mal einen Blick in die Box oder den Unterstand. Hat Ihr Pferd die ganze Zeit gelegen, hat es sich hin und her gewälzt, befinden sich Fremdkörper in der Box oder Einstreu? All diese Informationen könnten für Ihren Tierarzt nützlich sein.

Zuletzt schauen wir uns noch die Beine des Pferdes an. Tasten Sie diese bitte auch mit Ihren Handflächen ab und suchen Sie nach warmen, entzündeten Stellen, Schwellungen oder nach schmerzhaften Knubbeln. Dieses Abtasten sollten Sie regelmäßig durchführen, um ein Gefühl für den Normalzustand der Pferdebeine zu bekommen. Führen Sie Ihr Pferd herum oder beobachten Sie es in Bewegung. Sollte es auf einem Bein lahmen, müssen Sie sofort die Hufe auf Verletzungen oder eingetretene Fremdkörper untersuchen. Durch das Auflegen der Handflächen auf die Hufe können Sie auch feststellen, ob sich ein Huf wärmer anfühlt als der andere. Ein Temperaturanstieg und ein deutlich spürbarer Puls in der Fesselbeuge kann auf ein Hufgeschwür oder, im Falle einer Temperaturerhöhung in beiden Vorderbeinen gleichzeitig, auf Hufrehe hindeuten. Auf jeden Fall sollten Sie im Fall einer Lahmheit sofort den Tierarzt informieren und das Pferd während der Wartezeit auf den Arzt in einen kleinen Stall stellen.

Für den Fall der Fälle...

...sollten Sie über eine Notfallstrategie verfügen. Sollte Ihr Pferd eine Fahrt zur Tierklinik benötigen oder erleidet auf einem Ausritt einen Unfall, ist es unabdingbar, über einen Pferdetransporter und ein geeignetes Zugfahrzeug zu verfügen. Wenn Ihr Pferd in einem Reitstall untergestellt ist, sollten Sie den Stallbesitzer oder andere Einsteller, die einen Pferdeanhänger besitzen, fragen, ob diese in einem Notfall als "Krankenwagen" bereitstehen könnten. Bei einer Eigenhaltung am Haus ist es empfehlenswert, sich mit den Stall- und Pferdebesitzern im Umkreis anzufreunden, sodass man sich nicht nur gegenseitig bei der Heueinlagerung, sondern auch bei den gefürchteten Notfällen oder Unfällen hilft. Auch Pferde, die nicht regelmäßig verladen werden, sollten mit einem Pferdeanhänger vertraut sein und sich sicher verladen lassen. Im Notfall kann jede verlorene Minute über Leben und Tod entscheiden.

Ein gutes Verhältnis mit anderen Pferdemenschen kann Ihnen auch helfen, wenn Sie einmal außer Gefecht gesetzt sind oder in den Urlaub fahren. Idealerweise gilt auch hier, dass die Urlaubsvertretung Ihr Pferd und Ihren Stall kennen sollte. Bitte bewahren Sie immer den Pferdepass an einem leicht zugänglichen Ort auf, da dieser mit Ihrem Pferd im Fall eines Transports mitreisen muss. Eine Liste mit allen wichtigen Telefonnummern, Versicherungsinformationen und einer Vollmacht, die bestätigt, dass der Pferdesitter in bestimmten Notfallsituationen wichtige Entscheidungen treffen kann, sollte gut zugänglich in Ihrem Stall aufbewahrt werden. Denn solch ein Sicherheitsnetz kann Ihrem Pferd das Leben retten.

Kopf bewahren

Das Allerwichtigste in Notfall sind aber Ihr Selbstvertrauen, Ihre Ruhe und Ihre Grundkenntnisse in Erster Hilfe. Die beste Ausstattung und Notfallapotheke helfen nicht, wenn Sie in Panik verfallen oder erstarren. Bewahren Sie einen kühlen Kopf. Als ersten Schritt müssen Sie immer die bestimmte Situation evaluieren: können Sie Ihrem Pferd helfen oder versetzen Sie sich selbst dabei in Gefahr. Beantworten Sie den zweiten Fall der Frage mit einem "Ja", dann rufen Sie bitte sofort nach Hilfe und Unterstützung. Es nützt Ihnen nichts, wenn Sie sich selbst schwer verletzen. Stellen Sie sicher, dass Ihr Telefon immer ausreichend aufgeladen ist. Die Notfallliste mit den wichtigen Telefonnummern hilft Ihnen dabei, eine Zweitperson anzuweisen, wer angerufen werden muss. So können Sie sich um Ihr Pferd kümmern und müssen nicht in Ihrem Handy nach der Nummer des Tierarztes suchen. Ihre Stallapotheke sollten Sie so in einem verschlossenen Behälter oder in einer Plastikbox aufbewahren, sodass Sie jederzeit zugänglich ist. Eine zweite Telefonliste IN der Stallapotheke kann wertvolle Zeit sparen.

Bestimmte Grundkenntnisse, wie das Prüfen der Vitalfunktionen, der Darmgeräusche und dem generellen Verhalten des Pferdes sind im Notfall essentiell. Neben einer gut ausgestatteten Notfallapotheke kann ein Notfallplan das Leben Ihres Pferdes retten.

Die Stallapotheke

Im Folgenden besprechen wir die Utensilien und Medikamente, die Sie jederzeit in Ihrer Stallapotheke aufbewahren sollten. Bitte kontrollieren Sie regelmäßig den Zustand des Inhalts und die Verfallsdaten und ersetzen Sie verfallene, verschmutze oder beschädigte Bestandteile Ihrer Stallapotheke bei Bedarf.

- Thermometer, Maßband und eventuell ein Stethoskop
- Zeckenzange
- Pinzette und abgerundete Schere
- Taschenlampe und Ersatzbatterien
- Saubere Handtücher
- Wundgaze in verschiedenen Größen (steril und nicht-steril)
- Mehrere Rollen selbstklebende Bandagen
- Mehrere Rollen Baumwollbandagen
- Vier Polobandagen mit Polsterkissen
- Watte (als Bällchen und in Schichten)
- Wundklebeband
- Gaffatape
- Einige Babywindeln für Hufverbände
- Spritzen in verschiedenen Größen
- Latexhandschuhe
- Einige Schwämme zur Reinigung
- Einmalrasierer zum Abschneiden von Haaren, die Wunden berühren

- Einige Flaschen sterile Kochsalzlösung (wird auch als Hartman-Lösung bezeichnet)
- Eine Extraflasche Fliegenspray
- Antibiotische Wundsalbe
- Jodlösung zum Auswaschen von Wunden
- Zinksalbe zum Abdecken von Wunden
- Silberspray zum Abdecken von Wunden
- Elektrolytpaste
- Kühlsalbe
- Ein Beutel Bittersalz für Angussverbände im Fall eines Hufgeschwürs
- Liste mit Telefonnummern von Tierarzt, Tierklinik, Hufschmied, Kontaktpersonen, der Information für Versicherungen und dem Aufbewahrungsort der Pferdepasses
- Telefonnummer der Person mit einem Pferdetransporter und Zugfahrzeug
- Nasenbremse (bitte machen Sie sich mit der korrekten Anwendung vorher vertraut)
- Schnur
- Drahtschere
- Kabelbinder und Zange
- Hufräumer
- Extra-Halfter und Strick

Downloaden Sie diese Checkliste auf www.pferdesprache-lernen.de/pferdecheck

Hufpflege oder: ohne Huf kein Pferd

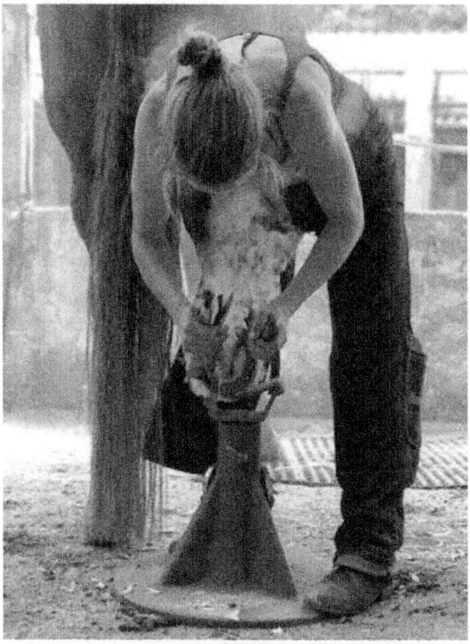

"Ohne Huf kein Pferd!" Diese alte Pferdeweisheit gilt auch heute noch. Da Pferde eine halbe Tonne Gewicht, manche mehr, manche weniger, auf vier dünnen Stelzbeinen herumbalancieren, können Hufprobleme schnell zu einem Arbeitsausfall des Pferds führen. Um diesem vorzubeugen, sollten Sie regelmäßig im Terminbuch eines staatlich geprüften Hufschmieds stehen. Falls Ihr Pferd keine Hufeisen benötigt, können Sie alternativ dazu einen Hufpfleger kontaktieren. Aber wählen Sie Ihren Hufschmied bitte ganz sorgfältig aus: laut Deutschem Hufbeschlaggesetz dürfen nur Hufschmiede Hufeisen aufnageln. Damit wird Ihnen garantiert, dass dieser

Schmied eine mindestens zweijährige Lehre mit einer abgeschlossenen Prüfung abgelegt hat und somit über die ausführlichen anatomischen und praktischen Kenntnisse eines korrekten Hufbeschlags verfügt. Hören Sie sich doch einfach mal in den benachbarten Reitställen oder bei Pferdefreunden um; auch Ihr Tierarzt kann Ihnen bestimmt einen guten Hufschmied oder Hufpfleger empfehlen.

Warum braucht Ihr Pferd eventuell Hufeisen?

Es gibt drei Gründe, warum viele Pferde Hufeisen benötigen:

- Wenn der Abrieb größer als das Nachwachsen des Hufs ist und somit Schmerzen und Probleme durch zu kurze Hufe hervorgerufen werden.
- Wenn das Pferd aufgrund seiner Aktivität und der Bodenverhältnisse zu stark ins Rutschen kommen kann und eine erhöhte Verletzungsgefahr durch ein Hinfallen besteht, vor allen Dingen bei Sportpferden, die auf Gras oder geteerten Straßen geritten werden.
- Im Falle einer Krankheit oder Verletzung, die einen orthopädischen Beschlag benötigen.

Alternativ zu Hufeisen gibt es noch eine ganze Reihe anderer Arten des Hufschutzes; es können Plastikeisen geklebt werden oder sogar Hufschuhe nur nach Bedarf angezogen werden. Zusammen mit Ihrem Schmied oder Hufpfleger finden Sie ganz bestimmt die beste Option für Sie und Ihr Pferd. Und wenn Ihr Pferd so gute Hufe hat, dass diese bei Ihrem Reitpensum keine Probleme bereiten, dann kann es gerne barhuf bleiben. Aber auch Ihr Barhuf-Pferd muss regelmäßig ausgeschnitten werden. Die Vernachlässigung der Hufgesundheit kann sonst nämlich schnell zu ernsten Krankheiten führen und stellt einen Verstoß gegen das Deutsche Tierschutzgesetz dar.

Um Ihrem Hufschmied die besten Voraussetzungen für die Arbeit mit Ihrem Pferd zu geben, sollten täglich die Hufe mit einem Hufkratzer ausgeräumt und auf festgesetzte Fremdkörper und Verletzungen kontrolliert werden. Dies ist auch gleichzeitig ein gutes Training für Ihr Pferd, welches ruhig und auf drei Beinen für Ihren Schmied stehen sollte. Unruhige Pferde oder Pferde, die steigen, zurücksetzen, beißen oder ausschlagen, sollten mit Hilfe des Tierarztes leicht sediert werden. Ihr Hufschmied kann andernfalls aus Sicherheitsgründen (für Ihr Pferd und den Schmied selbst) die Arbeit an Ihrem Pferd verweigern.

Ein ebener, fester Untergrund, ein Dach gegen Regen oder als Schattenspender und vielleicht sogar ein gefülltes

Heunetz helfen dabei, die Arbeit für Schmied und Pferd risikoärmer und angenehmer zu gestalten. Bitte stellen Sie Ihrem Schmied das Pferd nicht mit nassen oder vermodderten Beinen hin. Ein kurzes Abbürsten oder Abwaschen mit anschließendem Trockenrubbeln mit einem alten Handtuch wird Ihnen garantiert einige Extra-Pluspunkte einbringen.

Warum eine gute Beziehung zum Hufschmied so wichtig ist

Normalerweise sieht Ihr Hufschmied oder Hufpfleger Ihr Pferd alle fünf bis sechs Wochen, also weitaus öfter, als Ihr Tierarzt. Und, um diesen Beruf ausführen zu können, muss man vor allen Dingen ein Pferdeliebhaber und Pferdekenner sein. Schnell kann Ihr Schmied feststellen, ob es bei Ihrem Pferd ein Problem gibt, ob im Verhalten oder vielleicht sogar eine medizinische Auffälligkeit. Ein Pferd, dass plötzlich anfängt, beim Aufhalten der Hinterbeine unruhig zu werden, kann oft unter Problemen im Sprunggelenk oder im Rücken leiden. Beim Betrachten der Hintereisen kann man bei Pferden mit sich einschleichender Arthrose ab und an einen einseitigen Abrieb des Hufeisens feststellen. So kann Ihr Schmied Ihnen schon eine Vorwarnung geben und den Besuch des Tierarztes empfehlen, auch wenn Sie vielleicht noch keine

Anzeichen eines Problems bemerkt haben. Ihr Schmied ist Ihnen auch bestimmt dankbar, wenn Sie ihn oder sie wissen lassen, ob sich im Verhalten oder im Bewegungsablauf Ihres Pferdes etwas geändert hat. Im Fall von medizinischen Problemen kann man dann als Dreier-Team zusammenarbeiten, um dem Pferd die beste Versorgung zukommen zu lassen.

> Jedes Pferd muss in regelmäßigen Abständen von einem Hufschmied besucht werden. Je nach Abrieb, Wachstum, Arbeitspensum, Art der Arbeit und vielen anderen Faktoren kann es sein, dass Ihr Pferd Hufeisen benötigt. Aber auch ein Barhufpferd muss regelmäßig ausgeschnitten werden. Das Hufpflegeintervall wird individuell festgesetzt.

Ernährung

Jedermann weiß, dass Pferde Gras, Heu und Kraftfutter benötigen? Aber wie viel davon? Wie oft? Welche Art? Und was muss ich sonst noch über eine gesunde Ernährung meines Pferds wissen? Die Antworten zu diesen Fragen können für jedes Pferd, abhängig von seiner Größe, Rasse, der Nutzung und dem Alter abhängen. Und natürlich gibt es auch bestimmte Fütterungsregeln, die Ihnen dabei helfen werden, Ihr Pferd gesund zu ernähren.

Raufutter

Das Pferd ist von Natur aus ein Weidetier, das mehr oder weniger konstant kleine Mengen an faserreicher Nahrung über den Tag verteilt aufnimmt. Obwohl der Magen relativ klein ist, sind der Blinddarm und Dickdarm des Pferdes proportional dazu gesehen relativ groß, und deren Funktion ist für die Gesundheit des Pferdes ausschlaggebend. Millionen von Bakterien, die den Blind- und Dickdarm besiedeln, konvertieren diesen im Prinzip in eine natürliche Fermentationsanlage und helfen bei der Verdauung der Faserstoffe. Diese Zersetzung der Raufaser produziert Fettsäuren, die das Pferd zur Bereitstellung von Energie und zur Speicherung dieser verwendet. Um nicht nur die korrekte Funktion des Verdauungssystems sicherzustellen, sondern auch für die seelische Gesundheit des Pferdes zu sorgen, müssen alle Pferde täglich ausreichend Raufutter vorgelegt bekommen. Ungefähr ein bis zwei Prozent des Körpergewichts des Pferdes stellt hier die absolute Minimalmenge dar.

Qualitatives hochwertiges Gras ist oft die einfachste und günstigste Möglichkeit, Ihr Pferd zu ernähren, und der Großteil unserer Freizeitpferde benötigt nicht mehr als gutes Weidegras. Für den Fall, dass die Weidezeit begrenzt ist, die Weide nicht genug Gras produziert oder zu Zeiten der Wachstumsruhe, wird als Alternative Heu zur Fütterung angeboten. Ein gutes Grasheu wird hierbei als ideal angesehen. Pferde, die einen erhöhten Energiebedarf besitzen, wie Sportpferde oder Senioren, dürfen sogar eine Mischung aus Luzerne- und Grasheu bekommen. Luzerne besitzt durch ihren höheren

Eiweißgehalt einen höheren Energiewert als normales Gras und ist leicht verdaulich. Bei Rehepferden besteht hier ein erhöhtes Risiko für einen erneuten Reheschub; diese dürfen daher keinen Zugang zu Luzerne oder auch Klee, eine weitere Hülsenfrucht, haben.

Gutes Heu sollte einen süßen Duft besitzen, grün, weich und frei von Unkraut, Müll, Erdbrocken und anderen Verschmutzungen sein. Staubiges, oder sogar verschimmeltes Heu darf unter keinen Umständen an Pferde verfüttert werden. Die Toxine der Schimmelpilze können ernsthafte Erkrankungen, die bis zum Tod führen können, verursachen; staubiges Heu führt zu schweren Atemwegserkrankungen.

Als eine teilweise Alternative zu Heu können vor allen Dingen leichtfuttrige Pferde, die schon beim Anblick von Weidegras zunehmen, mit Futterstroh zugefüttert werden. Traditionell in anderen Ländern teilweise als einzige Raufaserquelle verwendet, wird Stroh hierzulande fast nur noch als Einstreumaterial benutzt und stellt eigentlich ein Abfallprodukt der Landwirtschaft dar. Durch die harten Stängel befriedigt Futterstroh nicht nur den Rohfaserbedarf des Pferdes, sondern verlängert gleichzeitig durch die vermehrt benötigten Kauschläge pro Kilo Stroh die Fress- und somit die Beschäftigungszeit des Pferdes. Dies kommt vor allen Dingen Boxenpferden zu Gute: sie halten sich für längere Zeit beschäftigt und entwickeln weniger Stalluntugenden. Roggenstroh wird als Futterstroh nicht empfohlen, da es einen leicht bitteren Geschmack besitzt. Besser geeignet sind Weizen-, Hafer- und Gerstenstroh. Bei Gerstenstroh kann es ab und an vorkommen, dass sich die langen Grannen der Gerstenkörner am Zahnfleisch festsetzen können und zu Entzündungen führen. Ich empfehle Ihnen daher, die Gabe von Weizen- oder Haferstroh einfach mal vorsichtig auszuprobieren.

Normalerweise wird Raufutter in Rechteck- oder Rundballen gepresst. Für Pferdehalter eignen sich durch die einfache Handhabung eher die kleinen Rechteckballen. Rundballen sind aufgrund ihres Gewichts (ca. 400 Kilogramm) nicht nur schwer zu händeln, sondern werden aufgrund ihrer ungeschützten Lagerung oft von Schimmelpilzen befallen. Sollten Sie Glück haben und auf Rundballen stoßen, die unter Dach und Fach eingelagert wurden, können Sie natürlich einen befreundeten Bauern fragen, ob er Ihnen beim Transport und beim Ausbringen der Ballen hilft.

Raufutter ist die Nahrungsgrundlage der heutigen Pferde, die keine Möglichkeit besitzen, auf einer Weide zu grasen. Die jeweilige Menge des Raufutters wird individuell angepasst und besteht normalerweise im Ganzen oder zumindest zur Hälfte aus Heu. Dazu kann Futterstroh gereicht werden. Raufutter hält das Verdauungssystem in Schuss und beschäftigt das Pferd für mehrere Stunden pro Tag.

Kraftfutter

Obwohl viele Pferde nur durch eine Ernährung mit Grasheu ernährt werden können, müssen Pferde, die oft geritten werden oder im Leistungssport stehen, mit Kraftfutter zugefüttert werden. Auch Pferde, die noch im Wachstum stehen, als auch ältere Pferde, benötigen oftmals eine Kraftfuttergabe. Kraftfutter auf der Basis von Getreide verleiht Ihrem Pferd diesen Extra-Energieschub. Traditionell wird als Kraftfutter in Deutschland Hafer verwendet. Dieser kann zur besseren Erschließung im Darm vorher gequetscht werden. Andere Getreidesorten eignen sich weniger gut für die Pferdefütterung. Heutzutage können Sie es sich auch ganz bequem machen und Ihrem Pferd ein vorgemischtes Müsli oder einen kommerziell hergestellten Kraftfuttermix anbieten. Bei diesen Produkten können Sie je nach Energiebedarf unter den verschiedensten Zusammenstellungen auswählen. Der Vorteil dieser Kraftfuttermischungen ist die einfache und bequeme Lagerung und die Beständigkeit in der Zusammensetzung. Ihr Tierarzt kann mit Ihnen die am besten geeignete Mischung oder das perfekte Produkt für Ihr Pferd aussuchen. So gehen Sie sicher, dass Ihr Pferd genau das bekommt, was es für eine gesunde Ernährung braucht.

Fett

Eine weitere Energiequelle ist Fett. Es ist leicht vertraulich und kann jederzeit für schwer arbeitende Pferde oder Pferde, die etwas zunehmen müssen, ins Futter gegeben werden. Sie können einfach eine halbe Tasse Sonnenblumenöl über das Kraftfutter gießen. Bitte verwenden Sie keine größeren Mengen Öl, da dieses den Weg des Futters durch den Darm beschleunigen kann und zu einem leichten Durchfall und darauffolgendem Nährstoffverlust führen kann.

Proteine

Proteine oder Eiweiße sind lebensnotwendig. Ein Zusatzfutter mit einem hohen Proteinanteil kann vor allen Dingen für noch wachsende Jungpferde, kranke und untergewichtige oder alte Pferde wichtig sein. Auch die

Zugabe von Luzerneheu kann – wie schon weiter oben aufgeführt - einen erhöhten Bedarf an Eiweißen beim Pferd decken.

Mineralstoffe

Mineralstoffe spielen eine kritische Rolle bei wichtigen Stoffwechselvorgängen im Körper des Pferdes. Sie sind wahrscheinlich das einzige Zusatzfutter, dass Sie für Ihr Pferd benötigen, wenn es mit ausreichend und gutem Raufutter gefüttert wird. Vor allen Dingen bei hohen Temperaturen sind extra zugeführte Salze und Mineralstoffe unabdingbar. Deshalb sollte jedes Pferd Zugang zu einem Minerallleckstein haben. Auch zu Zeiten, bei den Pferde durch ein erhöhtes Arbeitspensum stark schwitzen, ist der Mineralstoffbedarf erhöht. Normalerweise können Sie im Handel ein perfekt zusammengestelltes Mineralfutter für Ihr Pferd erwerben, mit dem Sie sicher gehen, dass der Mineralstoffbedarf des Pferdes komplett abgedeckt ist.

Vitamine

Auch Vitamine spielen, wie die Mineralstoffe, eine wichtige Rolle in den verschiedensten Stoffwechselfunktionen. Einige Vitamine müssen über die Nahrung zugeführt werden, andere werden vom Pferd selbst im Körper gebildet. Normalerweise enthält hochqualitatives Weidegras oder Grasheu ausreichend Vitamine.

Kraftfutter versorgt Ihr Pferd mit Extra-Energie. Als klassisches Kraftfutter wird Deutschland normalerweise Hafer gereicht. Heute gibt es aber auch die verschiedensten Mischungen auf dem Markt, die Ihr Pferd zusätzlich mit allen wichtigen Mineralstoffen und Vitaminen versorgen. Falls Ihr Pferd etwas mehr zunehmen sollte, können Sie auch gerne etwas Öl in das Pferdefutter geben.

Grundregeln für die Pferdefütterung

Sie können sich bestimmt noch an den Tag erinnern, als Sie zum ersten Mal zu einem Stall oder zu einer Koppel gingen und ein Pferd streichelten. Wahrscheinlich klingen immer noch die Worte in Ihrem Ohr: "gehe nicht von hinten an ein Pferd, füttere die Zuckerstücke mit ausgestreckten Fingern von der Handfläche" und so weiter. Regeln für die Pferdefütterung sind wichtig. Im Folgenden erklären wir die Grundprinzipien für eine gesunde, vollwertige Pferdefütterung.

Ausreichend Wasser.

Wasser ist für ein Pferd überlebenswichtig. Je nach Arbeitspensum, Größe, Alter und der Umgebungstemperatur benötigt ein Pferd zwischen 25 und 65 Liter Wasser pro Tag. Dieses muss immer frisch und in einem sauberen Trinkbehälter gereicht werden. Warum Wasser so wichtig ist, wird noch kurz weiter unten besprochen.

Füttern sie ausreichend Raufutter und verlängern Sie die Fresszeit

Wie oben schon gesagt, benötigen viele Freizeitpferde kein Kraftfutter. Gutes Wiesenheu oder ausreichend Weideland sollte für eine vollwertige Ernährung ausreichen. Falls Sie nur durch Heu allein den Energiebedarf Ihres Pferdes nicht denken können, können Sie etwas Kraftfutter zugeben, aber der Großteil der Kalorien sollte immer vom Raufutter stammen. Als Faustregel gilt hier, dass ein Pferd mindestens zwischen ein und zwei Prozent seines Körpergewichts pro Tag an Raufutter zur Verfügung bekommen sollte. Eine ausreichende Menge an Raufutter ist aber nicht nur für die gesunde Verdauung notwendig. Viele Pferde, die sich lange Zeit im Stall oder im Auslauf aufhalten und keinen

Zugang zu einer Weide haben, langweilen sich schnell. Da Ihr Pferd darauf spezialisiert ist, 16 Stunden am Tag zu fressen, sollten Sie durch das Raufutter auch das Kaubedürfnis des Pferdes decken. So können die Pferde ein bisschen am Heu knabbern, dann etwas dösen und danach weiterfuttern. Mit einer häufigen Raufuttergabe wird das Verdauungssystem konstant in Bewegung gehalten. Einige Tricks, um bei Ihrem Pferd mit dem Fressen der Langeweile und somit der Entwicklung von eventuellen Verhaltensstörungen vorzubeugen, sind die Verteilung von Raufutter an viele verschiedene Stellen im Auslauf oder das Aufhängen von Heunetzen. Laut Cavallo brauchen Pferde 40 Minuten, um ein Kilogramm Heu zu verzehren; für die gleiche Menge aus einem Heunetz müssen aber 86 Minuten aufgebracht werden. Je kleiner die Maschenweite, desto langsamer frisst Ihr Pferd.

Passen Sie die Futtermengen sorgfältig an die Bedürfnisse Ihres Pferdes an

Das gleiche Prinzip gilt auch bei der Kraftfuttergabe. Oft werden Pferde nur zweimal am Tag mit Kraftfutter gefüttert. Es ist aber für die Gesundheit und für das Verhalten des Pferdes weitaus besser, wenn Sie Ihrem Pferd drei- bis viermal am Tag eine etwas kleinere Kraftfuttermenge zur Verfügung stellen. Dadurch wird das

Kraftfutter auch besser im Darm verwertet. Bitte beachten Sie, dass jedes Pferd unterschiedliche Nahrungsbedürfnisse hat. Kalkulieren Sie nicht nur die Größe des Pferdes in die Futtermengenberechnung mit ein, sondern auch das Arbeitspensum und die Außentemperatur.

Sollte ihr Pferd ausreichend Weidefläche zur Verfügung haben, brauchen sie im Sommer wahrscheinlich gar kein Kraftfutter geben. Pferde, die im Auslauf oder im Stall stehen, oder deren Weideflächen zu wenig Gras produzieren, sollten zugefüttert werden. Auch zwischen Herbst und Frühjahr wird eine Zufütterung notwendig. Weiterhin besitzen Pferde, die bei Wind und Wetter draußen stehen, einen höheren Kalorienbedarf – sobald die Temperatur im Herbst fällt, muss die Futtermenge angepasst werden. Sobald das Gras im Frühling sprießt, können Sie langsam auf die Weidefütterung umstellen. Die Anpassung an die Weide muss langsam durchgeführt werden, um Koliken und Hufrehe zu vermeiden.

Vor der Kraftfuttergabe sollten Sie auf jeden Fall etwas Raufutter füttern, da dieses dadurch besser verwertet wird. Auch schlingt Ihr Pferd sein Kraftfutter nicht so schnell herunter, seine Magensäfte sind schon am Anlaufen.

Spezialanforderungen

Pferde, die unter bestimmten Stoffwechselstörungen, wie zum Beispiel Cushings oder Insulinresistenz leiden, sollten keinen Zugang zu frischem Gras haben. Diese Pferde müssen ausschließlich mit Heu gefüttert werden. Um den Zuckergehalt des Heus zu verringern, sollte dieses 45 Minuten lang gewässert und danach sofort verfüttert werden. Denken Sie bitte daran, dass diese Pferde durch zu viel Kraftfutter, zu energiereiches Heu oder Gras weitere Gesundheitsprobleme bekommen können.

Wenn Sie sich dazu entscheiden, das Futter Ihres Pferdes umzustellen, müssen Sie beim Wechsel Vorsicht walten lassen. Eine plötzliche Änderung der Futtermittel kann bei Ihrem Pferd zu Koliken oder Hufrehe führen. Bitte passen Sie daher die Menge des neuen Futtermittels über mehrere Wochen an die Gesamtmenge an. Beginnen Sie mit 25 Prozent des neuen Futters und erhöhen Sie die Menge über zwei Wochen auf 100 Prozent. Auch bei neuen Heulieferungen kann es zu Problemen kommen; passen Sie auch hier bitte die Menge des neuen Heus langsam an.

Normalerweise wird Raufutter in Ballen geliefert. Hier kann es zu Abweichungen im Gewicht kommen. Bitte machen Sie sich daher mit dem Gebrauch einer Heuwaage bekannt, an die Sie ein gefülltes Heunetz hängen können. Selbst eine normale Gewichtswaage kann Ihnen dabei helfen.

Vor allen Dingen ältere Pferde mit Zahnproblemen haben beim Zerkauen von normalem Raufutter Probleme. Diesen Pferden können Sie Heupellets vorsetzen, die vorher leicht mit Wasser eingeweicht wurden.
Auch Allergiker oder Asthma-Pferde können von den staubfreien Heupellets profitieren. Falls Sie für diese Pferde doch lieber bei der normalen Heufütterung bleiben möchten, sollten Sie Ihr Heu entweder direkt vor der Fütterung gründlich durchwässern oder bedampfen lassen. Kommerzielle Bedampfer kann man im Handel erwerben. Anleitungen für Heubedampfer Marke Eigenbau finden Sie nach einer Google-Suche schnell im Internet.

Bitte füttern Sie Ihr Pferd nicht direkt vor oder nach dem Reiten. Idealerweise sollten Sie mindestens eine Stunde warten, nachdem es seine Mahlzeit beendet hat, bevor sie es zum Reiten herausnehmen. Bei Turnieren oder anderen Anstrengungen werden sogar zwei bis drei Stunden Ruhezeit empfohlen. Bei Anstrengungen kann unter Umständen zu viel Blut vom Verdauungssystem in die Muskeln abgeführt werden. Dadurch können Koliken oder andere Verdauungsprobleme auftreten. Nach dem Reiten lassen Sie ihr Pferd bitte komplett abkühlen, sodass seine Atemfrequenz auf den Normalwert fällt.

Und zum Schluss empfehlen wir noch, die Fütterungszeiten einzuhalten. Pferde sind an Routine

Frisches und sauberes Wasser muss dem Pferd jederzeit zur Verfügung stehen. Raufutter sollte oft und regelmäßig, aber in kleinen Portionen gereicht werden – am besten in Heunetzen. Die Futtermengen müssen sorgfältig angepasst werden, um Probleme zu vermeiden. Für ältere Pferde oder Pferde, die bestimmte Fütterungsprobleme aufweisen, gibt es die verschiedensten Optionen, um sie vollwertig zu ernähren. Hierzu sollten Sie sich am besten mit Ihrem Tierarzt beraten gewöhnt. Nicht alle Pferde werden durch einen Wechsel der Fütterungszeiten negativ beeinflusst, es gibt aber einige Kandidaten, die für Koliken anfällig sind. Diese können durch die Verschiebung der Futterzeiten ausgelöst werden.

Lagerung

Sie achten beim Heukauf bestimmt auf eine perfekte Qualität? Dann sollten Sie auch bei der Lagerung Ihres Pferdefutters genauso sorgfältig vorgehen. Durch Feuchtigkeit und Nässe kann Ihr Pferdefutter schnell verschimmeln. Eine luftige, aber geschützte Lagerung beugt dem Verfall des Raufutters vor. Lagern Sie Ihre Ballen am besten nie direkt auf dem Boden, sondern auf einer Holzpalette, sodass eine Durchlüftung auch von unten garantiert wird.

Kraftfutter sollten in dicht verschließbaren Behältern mit großer Öffnung aufbewahrt werden, sodass Sie einfach zu handhaben sind. Ein mäusesicheres Material muss auf jeden Fall verwendet werden. Stallkatzen sorgen weiterhin für die Kontrolle einer Mäuseplage und beugen dieser vor.

Da es in jeder Herde immer einen Ausbrecherkönig gibt, sollte jeglicher Zugang der Pferde zum Futter verhindert werden. Sie können sich nicht vorstellen, wie viele Ponys jedes Jahr an Hufrehe erkranken, nur weil sie eine komplette Nacht an der Futtertonne verbracht haben.

Ihre Futtermittel müssen unbedingt trocken und luftig gelagert werden. Der eventuelle Zugang eines Pferdes zu Heu oder Kraftfutter muss auf jeden Fall verhindert werden.

Wasser

Neben den fünf Nährstoffen, die der einer vollwertigen Ernährung Ihres Pferdes vorhanden sein sollten (Kohlenhydrate, Proteine, Fett, Vitamine und Mineralstoffe), dürfen Sie das Wasser nicht vergessen. Jeder einzelne der oben genannten Nährstoffe ist für die Gesundheit Ihres Pferdes essentiell, aber ohne Wasser kann ein Pferd nicht lange überleben. Gut genährt kann ein Pferd fast einen Monat lang ohne Futter überstehen; ohne Wasser hingegen kann ein Pferd nur 48 Stunden ohne lebensgefährliche Erkrankungen überstehen. Nach 72 Stunden ohne Wasser tritt unwiderruflich der Tod sein.

Daher sollten Sie die folgenden Punkte beachten: wie oben schon aufgeführt, trinken Pferde zwischen 25 und

65 Liter Wasser pro Tag. Diese Menge kann bei einem Sportpferd und bei hohen Temperaturen auf 120 Liter pro Tag ansteigen. Sie sollten daher nicht nur sorgfältig kontrollieren, dass Ihr Pferd jederzeit ausreichend Wasser zur Verfügung hat, sondern auch tatsächlich eine ausreichende Menge zu sich nimmt. Dies ist bei Boxenpferden, die mit einem Eimer getränkt werden, ein Kinderspiel. Bei Pferden, die sich an einer Selbsttränke bedienen können, ist dies leider unmöglich. Auch bei einer Herdenhaltung wird die Kontrolle der individuell aufgenommenen Wassermenge zu einem Ratespiel. Sollten Sie bei einem Ihrer Pferde den Verdacht auf eine Austrocknung haben, ziehen Sie bitte die Oberlippe ihres Pferdes hoch und fühlen mit ihrem Finger, ob sich das Zahnfleisch feucht anfühlt. Weiterhin können Sie am Hals Ihres Pferdes eine Hautfalte zwischen zwei Fingern ziehen; diese sollte sofort in die Ausgangsposition zurückspringen. Bleibt die Hautfalte länger als ein bis zwei Sekunden bestehen, besteht der Verdacht auf Austrocknung.

Da frisches Gras zwischen 60 und 80 Prozent Feuchtigkeit enthält, brauchen Weidepferde logischerweise weniger Wasser. Sie decken einen Großteil ihres Wasserbedarfs über das Feuchtfutter auf. Dies bedeutet aber nicht, dass Sie Ihr Pferd nicht täglich kontrollieren müssen. Auch hier gilt, sobald der Verdacht auf eine Austrocknung besteht, sollten Sie den Tierarzt informieren. Pferde, die große Mengen an Kraftfutter konsumieren oder ausschließlich mit Heu gefüttert werden, brauchen natürlich mehr Wasser. Bedenken Sie bitte auch, dass in einer Gruppenhaltung ein ranghohes Pferd den Wassertrog blockieren kann und somit andere, rangniedrige Pferde keinen Zugang zum Wasser haben. Es ist daher wichtig, dass Sie in einer Gruppenhaltung mindestens zwei Wassertröge in den Auslauf oder auf die Weide stellen.

Auch chronische Gesundheitsprobleme können zu einem erhöhten Wasserkonsum führen. Pferde, die unter Durchfall oder Nierenproblemen leiden, müssen den Wasserverlust durch vermehrtes Trinken ausgleichen. Stellen Sie auch hier bitte sicher, dass der Wassereimer dieser Pferde jederzeit aufgefüllt wird.

Falls ein Bach oder kleiner Fluss durch Ihre Weide führt oder sich ein Teich auf Ihrer Weide befindet, sollten Sie vorsichtig sein. Dieses Wasser muss unbedingt getestet werden, da sich durch Verschmutzungen oder Algenblüten Toxine im Wasser befinden können. Notfalls müssen diese Gewässer eingezäunt werden.

Ohne Wasser kann ein Pferd nicht lange überleben. Es muss jederzeit die Möglichkeit haben, 25 bis 65 Liter am Tag zu trinken.

Ergänzungsfuttermittel: Pülverchen und Tinkturen

Normalerweise kann ein Pferd mit gutem Raufutter, einem gut dosierten Mineralfutter und eventuell etwas Kraftfutter vollwertig ernährt werden. Im Handel finden sich aber seit einiger Zeit viele Ergänzungsfuttermittel, die mit einem Spitzenmarketing vertrieben werden und von einer ausgeblichenen Fellfarbe bis zur Hufrollenentzündung alles kurieren. Lassen Sie hier Vorsicht walten, da Sie in vielen Fällen Ihr hart erarbeitetes Geld gleich zum Fenster herauswerfen können. Natürlich gibt es einige Substanzen, die bei bestimmten Problemen helfen oder diese sogar vorbeugen können. Aber auch, wenn mit durchgeführten Studien die Wirksamkeit von Ergänzungsfuttermitteln angeblich bewiesen wurde, bedeutet dies noch lange nichts. Viele dieser Studien wurden schlauerweise von den Firmen, die die Zauberpulver herstellen, finanziert und durchgeführt. Ein Beratungsgespräch mit einem unabhängigen Spezialisten oder mit Ihrem Tierarzt kann Sie auf die richtige Spur führen.

Lassen Sie bei Ergänzungsfuttermitteln immer Vorsicht walten und ziehen am besten einen unabhängigen Berater dazu. So verhindern Sie, dass Sie kein unnützes Geld ausgeben.

Versicherungen, Regelungen und anderer Papierkram

"Auf Papieren kann man nicht reiten" hat Opa schon immer gesagt. Damit hatte er ja auch Recht! Immerhin taugt das teuerste Pferd nichts, wenn es sich um einen verzogenen, unreitbaren Gaul handelt. Heute aber müssen Pferdebesitzer und Pferdehalter schon einigen Papierkram überstehen, um später keine Probleme zu bekommen. Die wichtigsten Bescheinigungen, Regelungen und Versicherungen, die uns zumindest stundenweise in Bürostuten oder -hengste verwandeln, werden in diesem Abschnitt vorgestellt.

Was Ihnen vom Tierschutzgesetz vorgegeben wird

Hier muss nicht viel aufgeführt werden, der erste Paragraph ist natürlich ausreichend:
"Zweck dieses Gesetzes ist es, aus der Verantwortung des Menschen für das Tier als Mitgeschöpf dessen Leben und Wohlbefinden zu schützen. Niemand darf einem Tier ohne vernünftigen Grund Schmerzen, Leiden oder Schäden zufügen." (TierSchG § 1 Grundsatz)

Sie als Pferdebesitzer sind für das körperliche und seelische Wohlbefinden Ihres Pferdes verantwortlich. Für Einzelheiten empfehle ich Ihnen, die "Leitlinien zur

Beurteilung von Pferdehaltungen unter Tierschutzgesichtspunkten" einzusehen, die sich im Detail mit der Pferdehaltung auseinandersetzt.

> Sie, und nur Sie allein, sind letztendlich für das Wohlergehen Ihres Pferdes verantwortlich. Bitte informieren Sie sich genauestens über die aktuelle Gesetzeslage und Vorschriften für die Pferdehaltung.

Pferdepass – der Perso für Ihr Pferd

Alle Pferde müssen seit dem 1. Juli 2009 einen Pferdepass besitzen. In diesem werden nicht nur die individuellen Merkmale des jeweiligen Pferdes, sondern auch die Nummer des Mikrochips (für alle nach dem 1.7.2009 geborenen Pferde), die Abstammung (bei Rassepferden) und der Name des Besitzers eingetragen. Sie sollten Ihren Pferdepass immer gut verstauen und im Falle Ihrer Abwesenheit an eine Person Ihres Vertrauens übergeben, da der Pferdepass beim Transport des Pferdes im Falle eines Notfalls mitgeführt werden muss. Achtung: der Equidenpass ersetzt nicht die Besitzurkunde.

Pferdepass muss sein.

Versicherungen – sind Sie wirklich notwendig?

Schreiben wir mal den Teufel an die Wand: eine fremde Person hat das von Ihnen persönlich verriegelte Weidetor geöffnet und Ihre Pferde herausgejagt. Leider befindet sich Ihr Grundstück nur zehn Minuten von der nächsten Bundesstraße.... und genau in diese Richtung sind Ihre Lieblinge gerannt. Können Sie sich die Konsequenzen vorstellen?

Im Fall eines Unfalls verlieren Sie nicht nur Ihre Pferde, sondern müssen auch noch für die verursachen Schäden geradestehen! In solch einem Fall interessiert es die Richter wenig, dass Sie das Tor wirklich verschlossen haben, da Sie als Halter für das Risiko, das von Ihren Pferden ausgeht, verantwortlich sind. Auch wenn sie nicht per Gesetz vorgeschrieben ist, ist die Haftpflichtversicherung für Pferdehalter ein absolutes Muss! Diese sollte schon am Kauftag und in ausreichender Höhe abgeschlossen werden. Falls andere Personen Ihr Pferd reiten, müssen Sie darauf achten, dass das sogenannte Fremdreiter-Risiko mit abgedeckt wird.

Eine weitere, nützliche Versicherung sind Pferde-OP- oder die Pferdekrankenversicherung. Geht es Ihrem Pferd mal wirklich nicht gut, dann brauchen Sie sich nach dem Abschluss dieser Versicherungen wenigstens keine Sorgen um die Finanzierung einer teuren Behandlung oder Operation machen, die in die Tausende gehen kann.

Auch hier gibt es nicht viel zu sagen: eine Pferdehalter-Haftpflichtversicherung sollte eigentlich Pflicht sein. Ab dem Tag, an dem Sie Ihr Pferd erwerben. Weitere Versicherungen können für Sie nützlich und/oder notwendig sein; hier lassen Sie sich am besten beraten.

Kosten und Zeitaufwand der Pferdehaltung

Muss ich jetzt schon das Sparschwein schlachten?

Die Berechnung der Kosten und des Zeitaufwandes für die Pferdehaltung ist nicht ganz so einfach, da sie von den verschiedensten Faktoren abhängt: die Art der Haltung, Fütterung und Region.

Fall Sie Ihr Pferd in Eigenversorgung bei einem benachbarten Bauern untergestellt haben, bedeutet dies, dass Sie wahrscheinlich selbst Füttern, Ausmisten und Wässern müssen. In ländlichen Regionen hält sich die monatliche Miete in solch einer Einstellsituation in Grenzen. 100 bis 200 Euro, je nachdem, ob Ihr Pferd im Sommer beim Bauern auf der Wiese steht und nachts nicht aufgestallt wird, sind in den meisten Regionen Deutschlands als Miete fällig. Dazu müssen Sie aber noch Streu- und Futterkosten mit einbeziehen: diese liegen bei einem 500 Kilogramm-Pferd mit einer kleinen Kraftfuttergabe bei ungefähr 150 Euro im Monat. Hört sich nicht so teuer an? Dann rechnen Sie doch auch noch die Fahrtzeit, Benzinkosten und die ungefähr ein bis eineinhalb Stunden für die Versorgung des Pferdes mit ein.

Eine Haltung im Pensionsstall kann in ländlichen Gebieten bei 250 bis 350 Euro liegen. In Ballungsgebieten oder

Ställen, die mit den verschiedensten Reitplätzen, Hallen, Solarien etc. ausgestattet sind, können die monatlichen Kosten auch mal schnell auf bis zu 700 oder 800 Euro pro Monat klettern. Neben den Benzinkosten verlieren Sie natürlich auch noch Zeit im Verkehr. Dafür aber können Sie, wenn Sie endlich am Stall angekommen sind, die Zeit mit Ihrem Pferd genießen. Der Zeitaufwand beträgt bei der Vollpension vielleicht eine halbe Stunde, die Sie mit der Kontrolle und Körperpflege des Pferdes verbringen.

In Eigenregie kann die Pferdehaltung weitaus günstiger sein und bei durchschnittlich 150 Euro pro Pferd im Monat liegen. Sie sollten aber nicht nur den hohen Zeitaufwand (zwei bis drei Stunden pro Tag), sondern auch die relativ große Menge an Investitionen für den Stall- und Zaunbau, Reparationen und Ausrüstung mit einrechnen. Trotz allem bevorzugen viele Pferdehalter, die Pferde am eigenen Haus zu halten.

Zusatzkosten

Zu den regelmäßigen Zusatzkosten, die bei der Pferdehaltung anfallen, gehören die Ausgaben für den Tierarzt (Impfung, Wurmkur, Zahnpflege), die pro Jahr bei ungefähr 300 bis 400 Euro liegen. Alle fünf bis sechs Wochen sollte der Hufschmied vorbeischauen. Läuft Ihr Pferd barfuß, liegen die Kosten pro Besuch bei ungefähr

40 bis 50 Euro. Benötigt Ihr Pferd aber Hufeisen, kann ein Vollbeschlag 100 bis 120, bei Spezialbeschlägen auch weitaus mehr kosten.

Für Ihre Pferdehaftpflichtversicherung müssen Sie, je nach Anbieter und Deckungssumme, zwischen 60 bis 100 Euro im Jahr aufbringen.

In einigen Bundesländern müssen weiterhin Pferdesteuer und/oder eine Reitwege-Benutzungsgebühr bezahlt werden. Diese können von Bundesland zu Bundesland unterschiedlich ausfallen.

Der Kaufpreis eines Pferdes ist der Betrag, um den Sie sich am wenigsten Sorgen machen müssen. Pensionskosten, Hufschmied und Futter sind nur einige der regelmäßigen Kosten, die auf Sie zukommen können. Im Krankheitsfall kann Ihr Pferd schnell das Bankkonto sprengen.

Pferdepflege

Pferde sind hochsoziale Herdentiere, die Körperkontakt genießen. In der Natur kratzen sich zwei befreundete Pferde gegenseitig an den Stellen, die sie nicht selbst erreichen können. Dadurch wird nicht nur das Fell gepflegt, sondern auch die gegenseitige Bindung unter den zwei Pferde gefestigt.

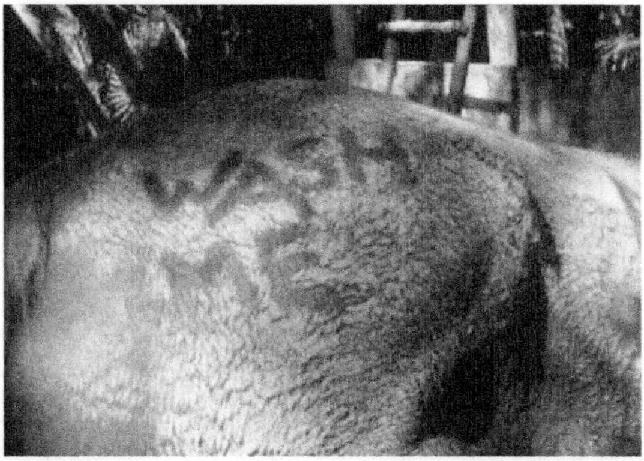

Die tägliche Körperpflege, die wir unseren Lieblingen zukommen lassen, festigt auch hier die Beziehung zwischen Mensch und Tier. Weiterhin wird beim Bürsten die Haut massiert, totes Haar oder störrisches Winterfell entfernt und der Körper des Pferdes gleichzeitig auf Verletzungen kontrolliert. Verwuschelte Haare werden entknotet, die Hufe ausgeräumt und schnell können Sie ein blitzblankes Pferd präsentieren! Hört sich einfach an? Mit einigen Schritten werden Sie schnell zum Super-Pferdeputzer!

Wie bringe ich das Pferd nun zum Glänzen?

Die Putzutensilien sollten Sie im Idealfall schon vor der Ankunft eines neuen Pferdes zur Hand haben. In eine Kiste oder einem Putzbeutel aufbewahrt und mit dem Namen des Pferdes versehen, besteht keine Gefahr, dass Sie das falsche Putzzeug verwenden. So beugen Sie der Übertragung von Hautkrankheiten vor – jedes Pferd sollte aus hygienischen Gründen sein eigenes Putzzeug haben.

Striegel

Aus Hartplastik, Gummi oder Metall angefertigt, verwenden Sie den Striegel zum Aufrauen des Fells und zur Entfernung der toten Haare und Hautschuppen. In großen, kreisartigen Bewegungen und mit leichtem Druck wird der Striegel über die bemuskelten Teile des Pferdekörpers geführt. Bitte lassen Sie dabei die Beine, die empfindlichen Innenseiten der Hinterschenkel und das Gesicht aus. Regelmäßig wird der Striegel auf dem Boden ausgeklopft, um die losen Haare und den Staub zu entfernen.

Putzbürste (auch Kardätsche genannt)

Stellen Sie sich mit dem Gesicht zum Pferdekörper gewandt. In die Hand, die zum Pferdekopf zeigt, gehört die Bürste, in die andere Hand wird wieder der Striegel platziert. Nun bürsten Sie Ihr Pferd von Hals bis Hinterteil ab. Die Bewegung folgt dabei der Richtung des Haarwuchses. Nach jedem Bürstenstrich wird die Bürste am Striegel abgestrichen. Auch hier wird der Striegel wieder regelmäßig am Boden ausgeklopft.

Harte Bürste (Wurzelbürste)

Die Wurzelbürste besitzt steife Borsten. Mit diesen werden die Beine des Pferdes abgebürstet. Auch zum

Waschen verschlammter Pferde eignet sich eine Wurzelbürste ganz besonders gut.

Gesichtsbürste

Die Gesichtsbürste ist normalerweise etwas kleiner und weicher als die Putzbürste. Vorsichtig wird mit dieser der behaarte Teil des Pferdegesichts gereinigt.

Lappen

Mit einem feuchten Lappen werden danach die empfindlichen Bereiche um die Augen, Nüstern und das Maul abgewischt.

Schwamm

Mit dem angefeuchteten Schwamm reinigen Sie bei starker Verschmutzung den Genitalbereich Ihres Pferdes. Gehen Sie hierbei bitte besonders vorsichtig vor. Dieser Schwamm sollte gekennzeichnet und separat aufbewahrt werden.

Kamm oder Haarbürste, Mähnenspray

Mit einem Kamm oder einer Haarbürste können Sie sich nun den Stirnschopf und die Mähne vornehmen. Zur Erleichterung der Arbeit kann etwas Glanzspray in die Mähne gesprüht werden. Dieses Mähnen- und

Schweifspray sollten Sie aber nicht direkt vor dem Reiten anwenden, da die Zügel dadurch rutschig werden können.

Angeblich darf der Schweif ja nicht mit einer Bürste berührt werden, da die empfindlichen, langen Haare schnell herausgerissen werden. Persönlich gesagt, kenne ich so gut wie niemanden, der nur mit den Händen einen verknoteten Schweif attackiert. Natürlich dürfen Sie nach dem vorsichtigen Entwirren der Haarknoten leicht mit einer Bürste durch den Schweif gehen. Hier wird auf jeden Fall das vorhergehende Einsprühen des Schweifs mit dem Mähnenspray empfohlen. Falls der Schweif Ihres Pferdes zu lang ist, können Sie ihn vorsichtig mit einer Schere abschneiden. So verhindern Sie, dass sich das Pferd beim Rückwärtsgehen selbst auf den Schweif tritt und sich die kostbaren Schweifhaare herausreißt.

Hufkratzer

Mit dem Hufkratzer werden die Hufe gesäubert. Dazu stellen Sie sich, mit dem Gesicht zum Schweif gewandt, neben Ihr Pferd. Nun legen Sie die Hand, die sich auf der Seite des Pferdes befindet, auf dessen Schulter. Langsam, aber mit einem leichten Druck, lassen Sie Ihre Hand nun an der Schulter und an der Rückseite des Vorderbeines heruntergleiten. Mit einem Stimmkommando (Fuß, Huf, Pfote oder was immer Ihnen einfällt) umgreifen Sie das

Fesselgelenk. Ihr gut erzogenes Pferd sollte nun schon das Vorderbein angehoben haben. Jetzt umgreifen Sie den Huf mit der Hand und fangen an, diesen mit dem Hufkratzer vom Ballen zur Zehe auszuräumen. Lassen Sie dabei eine gewisse Vorsicht walten. Entfernen Sie bitte sorgfältig alle Steine, Erde und Mist von der Hufsohle und den Furchen. Gleichzeitig kontrollieren Sie, ob es Verletzungen im Hufbereich gibt. Dann können Sie den Huf gerne wieder absetzen. Ein Fehler, der häufig gemacht wird, ist das plötzliche Los- und Fallenlassen des Hufs. Dadurch kann Ihr Pferd nicht nur aus dem Gleichgewicht gebracht werden; das plötzliche Aufprallen des Hufs auf einen harten Boden kann für Ihr Pferd unangenehm sein. Passen Sie bitte auch auf sich selbst auf: oft werden Füße genau an der Stelle positioniert, an der das Pferd seinen Huf abstellt. Ihre Zehen werden es Ihnen danken!

Nun nehmen Sie sich die Hinterhufe vor. Auch hier warnen Sie bitte Ihr Pferd durch die zuerst aufgelegte Hand vor – in diesem Fall auf der Kruppe. Lassen Sie Ihre Hand um die runde Kruppe, das Sprunggelenk und die Rückseite des Hinterbeins herabgleiten. Darauf folgt Ihr Stimmkommando. Mit ausreichend Sicherheitsabstand nehmen Sie nun den angehobenen Hinterhuf auf, gehen leicht in die Hocke und stützen den Huf eventuell auf Ihrem Knie auf. Ziehen Sie dabei bitte nicht das Hinterbein zu weit zur Seite raus; dies bringt Ihr Pferd zum Zappeln, da es das Gleichgewicht verlieren kann. Nach dem Ausräumen des Hufes setzen Sie diesen bitte genauso vorsichtig ab.

Auf der anderen Seite verfahren Sie nach demselben Prinzip.

Mikrofasertuch

Wenn Sie Ihr Pferd nun spiegelblank geputzt haben, können Sie nun etwas Mähnenspray auf ein Mikrofasertuch geben und Ihr Pferd schnell noch überpolieren. Und voila, fertig ist das Meisterwerk!

> Zur Körperpflege des Pferdes gehört das gründliche Bürsten mit einem Striegel und Kardätsche – dadurch wird nicht nur der Schmutz, sondern auch totes Haar und Schuppen entfernt. Weiterhin kontrolliert man dabei automatisch den Körper des Pferdes auf Verletzungen. Die tägliche Kontrolle und das Auskratzen der Hufe sind mindestens genauso wichtig. Für die Pflege des Langhaars kann eine Haarbürste verwendet werden.

Waschen

Normalerweise sollten vor allen Dingen Offenstallpferde so wenig wie möglich gewaschen werden, da durch das Shampoo die schützende Fettschicht des Fells entfernt wird. Auch versteht sich von selbst, dass ein Pferd nur bei geeigneten Temperaturen gewaschen oder abgeduscht wird. Das Abspritzen von verdreckten Beinen hingegen ist jedoch kein Problem, solange keine sibirischen Temperaturen vorherrschen. Bei Hitze freut sich garantiert jedes Pferd über eine kühle Dusche – auch hier gilt die Regel, dass Sie nicht öfter als zweimal im Monat Shampoo verwenden sollten. Allerdings sollten Sie bei erhitzten Pferden warten, bis sich diese etwas abgekühlt haben.

Für eine gründliche Wäsche verwenden Sie am besten speziell für Pferde entwickelte Shampoos, die milde Seifen beinhalten und die Haut schonen. Beim Waschen fangen Sie immer mit dem Nassmachen an den Beinen an und arbeiten sich langsam Richtung Herz vor. Dann tragen Sie eine kleine Menge Shampoo auf. Dieses wird so richtig schön mit den Händen oder der Wurzelbürste in die Haut einmassiert. Zusätzlich können Sie dazu auch genoppte Waschhandschuhe benutzen. Das Gesicht sollte nicht mit Shampoo in Kontakt kommen und achten Sie bitte auch darauf, dass kein Wasser in die Ohren eindringen kann.

Nun müssen nur noch Mähne und Schweif eingeseift werden. Bei Schimmeln kann man übrigens den Schweif mit Ketchup behandeln, um gelbe Verfärbungen abzuschwächen. Am Schluss wird das eingeseifte Pferd gründlichst abgeduscht, sodass kein Shampoo im Fell verbleibt. Mit den flachen Händen oder einem Schweißmesser kann nun das im Fell verbleibende Wasser abgezogen werden. So werden auch Schimmel fast wieder weiß!

> Das Abwaschen oder Duschen sollte dem Wetter angepasst werden. Eine gründliche Reinigung mit Shampoo ist nur ab und an notwendig, da ansonsten dem Fell alle schützenden Fette und Öle entzogen werden.

Shoppingliste für das geliebte Pferdchen

Im Folgenden finden Sie eine Liste der Gegenstände, die Sie für Ihr Pferd einkaufen sollten:

- Halfter und mehrere Führstricke (in jedem Stall sollte mindestens ein Ersatzhalfter vorhanden sein)
- Striegel
- Kardätsche
- Wurzelbürste

- Gesichtsbürste
- Lappen
- Schwamm
- Kamm oder Haarbürste
- Mehrere Hufräumer (da diese immer spurlos verschwinden und dann plötzlich wieder auftauchen)
- Mikrofasertuch
- Glanzspray
- Decke
- Shampoo
- Fliegenspray und Fliegenmaske oder Fransenband
- Zwei bis drei Eimer
- Mehrere Handtücher zum Abrubbeln nasser Pferde
- Schere mit abgerundeten Enden

Diese Liste finden Sie auch zum Download auf unserer Webseite www.pferdesprache-lernen.de/pferdecheck

Tipps und Tricks für einen sicheren Umgang

Im Umgang mit dem Fluchttier Pferd sollten Sie für Ihre eigene Sicherheit einige Regeln befolgen. Auch wenn Ihr Pferd im Umgang eine treue Seele ist, kann sich jedes Pferd erschrecken und ausschlagen. Eine lange Hose zum Schutz der Beine ist auf jeden Fall zu empfehlen, auch wenn dies vielen Pferdehaltern im Sommer schwerfällt. Auf ein Kleidungsstück sollten Sie aber definitiv nicht verzichten: feste Schuhe. Jeder Pferdehalter hat bestimmt schon einmal seinen Fuß unter einem Huf wiedergefunden! In Sandalen oder Flipflops kann solch eine Situation zu einer Katastrophe führen. Tragen Sie daher immer, wenn Sie sich am Pferd befinden, feste Schuhe aus Leder, die einen Huftritt wenigstens ein bisschen abschwächen.

Sicherheit rund ums Pferd

Sie sollten niemals von hinten an ein Pferd herantreten, vor allen Dingen, wenn Sie dieses Pferd nicht kennen. Da Sie direkt aus dem toten Winkel heraustreten, können Sie so ein Pferd überraschen. Dieses kann Sie dann mit einem gezielten Auskeilen begrüßen. Am besten sprechen Sie also ein Pferd immer an und nähern sich von der Seite auf Schulterhöhe an. Die gleiche Gefahr besteht, wenn Sie von hinten um ein Pferd herumgehen. Lassen Sie bitte eine Ihrer Hände auf der Pferdekruppe zur anderen Seite gleiten, wenn Sie unbedingt um das Hinterteil des Pferdes herumgehen müssen. So weiß Ihr Pferd nicht nur ganz genau, wo Sie sich befinden, sondern stellt sicher, dass Sie nah genug am Pferd sind. Hört sich vielleicht widersprüchlich an, ist es aber nicht: um den kompletten Schwung eines mit voller Kraft ausschlagenden Hinterhufs abzubekommen, müssen Sie sich etwa eineinhalb Meter entfernt vom Hinterteil des Pferdes befinden. Halten Sie sich hingegen direkt an der Kruppe auf, werden Sie eher mit dem Sprunggelenk nach hinten geschubst, was als weniger gefährlich angesehen wird.

Ein weiterer, wenig idealer Platz, um sich an einem Pferd aufzuhalten, ist direkt vor dem Kopf. Komischerweise stellen sich Pferdehalter gerade dort hin, wenn sie ihr

Pferd für den Schmied oder Tierarzt festhalten. Hier können Sie aber, wenn sich das Pferd ganz plötzlich erschreckt, umgerannt werden und unter das Pferd geraten. Am besten halten Sie sich daher neben dem Pferdekopf auf.

Beim Festhalten von Pferden werden auch gerne die Hände zwischen Halfter und Pferdekopf gesteckt, um das Pferd direkt am Halfter festhalten zu können – vor allen Dingen wieder beim Besuch des Tierarztes. Eine andere, schlechte Angewohnheit ist, den Führstrick in Schlingen zu legen, die Hand durch die Schlingen zu führen und so ein Pferd festzuhalten. Glauben Sie mir, auch das kleinste Shetlandpony kann Sie hier mal ganz schnell durch den Dreck ziehen! Bei einem größeren Pferd kann es beim Erschrecken und Davonstürmen zum Verlust Ihrer Finger kommen, da diese entweder zwischen Halfter und Pferdkopf steckenbleiben oder der Führstrick um Ihre Hand festgezogen wird. Abgerissene Finger sind übrigens in solchen Situationen das kleinere Übel. Viel schlimmer ist die Gefahr, mitgeschliffen zu werden. Falls Ihnen Ihre Gesundheit und Ihr Leben lieb sind, sollten Sie immer aufpassen, dass Sie nirgendwo festgeklemmt werden.

Bitte bringen Sie sich niemals in Gefahr. Sprechen Sie Ihr Pferd an, bitte gehen Sie nicht ohne bestimmte Vorsichtsmaßnahmen um das Hinterteil Ihres Pferdes herum und wickeln Sie niemals das Führseil um Ihre Hand.

Führen und Anbinden

Um die Gefahr von Verletzungen für Sie selbst und Ihr Pferd zu verringern, sollte sich Ihr Pferd problemlos führen und anbinden lassen.

Zu Beginn benötigen Sie ein passendes Halfter. Dies kann ein Lederhalfter, Nylonhalfter oder ein Knotenhalfter sein. Halfter sollten Sie übrigens nie am Pferd belassen, da es sich an hervorstehen Pfosten oder sogar beim Kratzen mit dem Hinterhuf festhängen kann. Oft enden solche Unfälle tödlich. Für Pferde, die sich nur schwer auf der Weide oder im Auslauf einfangen lassen, können Sie nach einem Halfter suchen, das eine eingebaute Sollbruchstelle besitzt und sich im Notfall öffnet. Für die korrekte Anpassung des Halfters werden folgende Regeln beachtet:

- Das Nasenband soll zwei Finger tief unter dem hervorstehenden Jochbein und auf dem verknöcherten Teil des Nasenrückens liegen. Zu tief liegende Halfter beeinträchtigen die Atmung.
- Der Kehlriemen sollte locker genug verschnallt sein, sodass ein Schlucken möglich ist; aber nicht so locker, dass das Pferd aus dem Halfter herausschlüpfen kann.

Beispiel für ein zu tief verschnalltes Halfter

Zum Anbinden und Führen brauchen Sie neben einem Halfter auch einen Führstrick. Obwohl viele Pferdehalter Führstricke mit Panikhaken bevorzugen, empfehle ich diese nicht. Bei kaltem Wetter mit klammen Fingern oder beim Tragen von Handschuhen sind Panikhaken nur schwer zu schließen – es ist einfach zu viel Fummelei. Ein zweiter Nachteil ist die Tatsache, dass Panikhaken ständig von allein aufgehen und man schnell ohne Pferd dasteht. Und wenn es tatsächlich vorkommt, dass Ihr Pferd beim Erschrecken am Anbindebalken zurücksetzt und in Panik verfällt, kann ich garantieren, dass Sie nicht zum Kopf des wild herumtobenden Pferdes springen, um den Panikhaken direkt am Halfter aufzumachen. Das bringt Sie in zu große Gefahr. Am besten investieren Sie in einen stabilen Führstrick aus Baumwolle, der mit einem großen, leicht zu handhabenden Karabinerhaken versehen ist. Wenn Sie dann noch die verschiedenen Sicherheitsknoten lernen, die sich mit einem Zug öffnen lassen, dann brauchen Sie keine Panikhaken mehr. Als Alternative dazu können Sie Ihr Pferd auch an einem Heubändchen anbinden, dass im Notfall reißt und so eine Panik verhindert.

Als Anbindeplatz wird ein ebener, ramschfreier und rutschfester Platz mit einer stabilen Anbindemöglichkeit ausgewählt. Sie können entweder einen Edelstahlring in eine Wand einzementieren oder einen soliden Anbindebalken errichten. Falls Sie Ihr Pferd an Ihren stabilen Auslaufzaun anbinden, nutzen Sie bitte die Pfosten und nicht die Querbalken. Schon manch Pferd hat einen Querbalken aus der Verankerung gerissen und ist mit diesem Balken im Schlepptau "vor ihm" weggerannt. Wichtig ist auch, dass Sie Ihr Pferd auf Widerristhöhe oder sogar weiter oben anbinden. Die Stricklänge sollte ungefähr eine Armlänge betragen. Wird sie zu lang belassen, kann das Pferd mit dem Vorderbein hineintreten und in Panik verfallen. Um Streitereien unter mehreren Pferden zu vermeiden, sollten Sie einen ausreichend großen Sicherheitsabstand zwischen den Pferden einhalten. Achten Sie darauf, dass Sie sich am Hinterende eines Pferdes nicht schon in der Gefahrenzone des Nachbarn befinden.

Niemals sollten Pferde am Zügel angebunden werden. Verletzungen der Zunge bis zu Kieferbrüchen können hier die Folge sein.

Korrektes Führen

Auch beim Führen Ihres Pferdes können Sie sich schnell in brenzlige Situationen bringen, wenn Sie vor dem Pferd laufen. An der Seite des Kopfes sind Sie auf jeden Fall sicherer. Traditionell wird in Deutschland von der linken Seite geführt. Es ist aber durchaus von Nutzen, dass Führen von beiden Seiten zu üben. Bitte nutzen Sie zum Führen beide Hände und achten Sie darauf, dass sich der Führstrick nicht um Ihre Hand wickeln kann. Wenn das Ende des Führstricks auf dem Boden schleift, dann kann er für Sie und Ihr Pferd zur Stolperfalle werden. Strecken Sie beim Führen Ihren Ellbogen leicht Richtung Pferd – sobald Ihr Pferd schneller wird, stößt es Sie zuerst am Ellbogen an. Versuchen Sie niemals, ein Pferd irgendwo hin zu zerren. Solche Kämpfe enden meist mit dem Gewinnen des Stärkeren, und dies ist nun einmal Ihr Pferd. Um ernste Verletzungen zu vermeiden, sollten Sie das Führseil niemals über Ihre Schulter oder um Ihren Hals hängen. Abbiegen oder Wenden wird von Ihnen weg durchgeführt, sodass Sie nicht überrannt oder auf den Fuß getreten werden können. Achten Sie auch ganz besonders darauf, dass Ihr Pferd ruhig und unter Kontrolle ist, wenn Sie enge Durchgänge oder Tore durchqueren. Sobald Sie Ihr Ziel, oft die Weide oder den Auslauf erreicht haben, wird das Pferd zu Ihnen umgedreht. Erst dann nimmt man das Halfter ab und lässt das Pferd frei. Haben Sie schon einmal ein Pferd gesehen, dass freudig auf der Weide, mit keilendem Hinterende losbuckelt? Durch das Umdrehen vor dem Freilassen verhindern Sie, dass Ihnen die blitzenden Hintereisen Ihres Lieblings um die Ohren fliegen!

Pferde sollten immer mit einem korrekt angepassten Halfter geführt und angebunden werden. Die Länge des Stricks wird so bemessen, dass das Pferd nicht in den Strick hineintreten kann. Als Knoten werden Sicherheitsknoten verwendet, sie sich sofort aufziehen lassen können. Beim Führen befinden Sie sich auf Kopf- oder Schulterhöhe.

Warum sich jedes Pferd verladen lassen sollte

"Ach nee, ich geh doch überhaupt nicht auf Turniere!" denken Sie jetzt bestimmt. Wenn Ihr Pferd aber an einer schlimmen Kolik leidet und unbedingt in die Tierklinik transportiert werden muss, möchten Sie bestimmt keine kostbare Zeit verschwenden, weil Sie Ihr Pferd nicht verladen können. Es gibt die verschiedensten Techniken und Methoden, um ein störrisches Pferd in einen Pferdeanhänger zu verfrachten. Diese aber kosten Zeit, Stress, Schweiß, Tränen und unter Umständen sogar das Leben Ihres Pferdes. Die meisten Pferde, die das Einsteigen in den Anhänger verweigern, wurden nie an diesen gewöhnt. Sie sollten daher einen Pferdeanhänger für ein Wochenende ausleihen und mit Ihrem Pferd üben. Pluspunkte bekommen Sie, wenn sich Ihr Pferd von Boden sicher und ruhig händeln lässt.

Für das Verladetraining sollten Sie Ihr Pferd vorher ruhig etwas abarbeiten. Mit der Bodenarbeit über Planken und Brücken, die vielleicht sogar auf Reifen liegen und daher das Schaukeln und das Geräusch der Anhängerrampe imitieren, können Sie Ihr Pferd bestens aufs Verladetraining vorbereiten. Sobald Sie den Hänger bei sich zu Hause haben, kann es losgehen!

Versichern Sie sich, dass Ihr Pferd keinen Zugang zu scharfen Kanten am Einstieg hat. Nun können Sie mit viel Geduld, ein paar Leckerchen und viel, viel Zeit jeden einzelnen Schritt in Richtung Anhänger belohnen. Zur weiteren, optischen Hilfe kann der Anhänger mit einer Seite an einem Zaun oder Hauswand geparkt werden, die

Vordertür für bessere Sichtverhältnisse offenstehen und ein ruhiger, verladesicherer Kumpel als seelische Unterstützung beistehen. Schon bald wird Ihr Pferd den Kopf senken und vielleicht sogar die Rampe beschnuppern. Belohnen Sie Ihr Pferd sofort! Vielleicht stellt Ihr Pferd einen Fuß auf die Rampe? Auch hier hat es sich ein Zuckerchen verdient. Beenden Sie die Übungseinheit bitte auf gutem Fuß; nach einer verdienten Belohnung kann sich Ihr Pferd erst einmal erholen. Nach ein paar Stunden Pause können Sie einfach weitermachen: wahrscheinlich zögert Ihr Pferd jetzt nicht mehr so lange. Wichtig ist, dass Sie selbst ruhig bleiben und unter keinem Zeitdruck stehen. So schaffen Sie es bald, Ihr Pferd problemlos zu verladen. Üben Sie das Verladen mehrmals im Jahr, sodass Ihr Pferd im Notfall kein Verladeproblem mehr hat.

Das sichere Verladen Ihres Pferdes kann im Notfall eine Entscheidung über Leben und Tod bedeuten. Bitte gewöhnen Sie Ihr Pferd rechtzeitig an das Verladen, dann klappt es auch, wenn jede Minute zählt.

Pferdesprache

Pferde sind als Flucht- und Herdentiere für die Reize in ihrer Umwelt besonders aufnahmefähig. Hier spiegelt sich auch gleich ein Dilemma wider, aus dem Pferde einen Ausweg suchen mussten: im Fall einer Bedrohung können Sie nicht einfach mal kurz über die Steppe zu ihren Herdenkameraden rufen "Hey, Jungs, da hinter versteckt sich gerade ein Rudel Wölfe und heckt gerade einen Angriff aus!"

Diskrete, aber für die Herdenmitglieder klar verständliche Signale entwickelten sich im Laufe der Evolution. Diese waren im wahrsten Sinne des Wortes zum Überleben notwendig. Während wir Menschen zu Plaudertaschen konvertierten, können Pferde nur durch ein Zucken mit ihren Ohren, die sich von 16 Muskeln über 180 Grad rotieren lassen, ein Signal übermitteln. Nicht nur die Augen des Pferdes, die eine Panoramasicht mit einem fast 350 Grad umfassenden Gesichtsfeld ermöglichen und besonders für Bewegungen empfänglich sind, werden zur Kommunikation genutzt. Auch der Schweif, das Maul, die Nüstern und die verschiedenen Muskeln werden zur Pferdesprache genutzt. Da mehr und mehr Pferdehalter, wie Sie selbst, ihre Pferde immer naturnaher halten, steigt das Bedürfnis zum Verstehen der Pferdesprache kontinuierlich an. In Kursen der sogenannten Natural

Horsemanship werden feinste Signale des Pferdes und die Körpersprache des Ausbilders für das Training genutzt.

Wie kommunizieren Pferde eigentlich untereinander?

In jeder Pferdeherde herrscht eine komplexe Rangordnung. Diese verleiht der Herde Sicherheit und Schutz – jedes Pferd weiß, in welcher Position es steht, wer zuerst fressen darf etc. In stabilen Herden mit einer ausgefochtenen Hierarchie muss der Herdenchef nur einmal mit der Wimper zucken, um sich den anderen Herdenmitgliedern verständlich zu machen. Hier herrscht normalerweise Ruhe und Ordnung. Beim Eingliedern eines neuen Herdenmitglieds kommt es oft zu kleinen Raufereien, in denen eine neue Rangordnung ausgefochten werden muss. Wenn Sie hier als Pferdebesitzer eingreifen, verhindern Sie, dass das neue Herdenmitglied seine Position in der Herde etabliert. Daher sollten Sie nur bei extremen Aggressionen dazwischengehen.

Wie weiter oben schon aufgeführt, kommunizieren wir Menschen hauptsächlich über unsere Lautsprache. Pferde aber verwenden nur wenige akustischen Kommunikationssignale und verständigen sich hauptsächlich über Körpersignale, um Angreifer nicht zu alarmieren.

Körpersprache

Schon die Haltung des gesamten Pferdekörpers kann uns über den Zustand des Pferdes Klarheit verschaffen. Ein hängender Kopf mit schlappen Ohren, eine hängende Unterlippe und ein auf die Hufspitze abgestelltes Hinterbein zeigen eindeutig ein hochentspanntes, dösendes Pferd. Je höher aber der Kopf gehalten wird, desto mehr Interesse wird gezeigt: ein Objekt hat die Aufmerksamkeit des Pferdes auf sich gezogen. Oftmals von einem aufgestellten Schweif, geblähten Nüstern, rollenden Augen und einem Schnauben begleitet. Auch beim Imponierverhalten versucht ein Hengst, größer zu erscheinen. Dieses unterscheidet sich von der interessierten Haltung durch einen aufgerollten Hals – bei Gefahr muss der Kopf hochgehalten werden, um das furchterregende Objekt im Auge zu behalten. Mit dem Schnauben werden die anderen Herdenmitglieder gewarnt und in Fluchtbereitschaft gesetzt. Hier kann die gesamte Herde in Sekundenbruchteilen davonstürmen. Bei einer Flucht wird die Herde von der Leitstute angeführt, die mit eingeklemmtem Schweif die Richtung angibt. Der Hengst bleibt am Ende der Herde, um diese im Fall der Fälle zu beschützen. Stellt es sich heraus, dass keine ernste Gefahr besteht, hält die Herde an, beobachtet mit hohen Köpfen, offenen Nüstern und gespitzten Ohren die Umgebung und geht dann zum Erkunden des so furchtbaren Fluchtauslösers über. Mit gespitzten Ohren, ausgestreckter Nase, angespannten Gesichtsmuskeln und einem kurzen Schnauben nähert man sich dem Objekt der Begierde langsam an.

Manchmal muss ein Chef ein oder mehrere Herdenmitglieder von einem Platz treiben. Dazu werden die Ohren flach an den Hals gelegt, das Maul verzogen und die Nüstern verengt. Als Steigerung dazu kann der Kopf hochgeworfen werden; das Pferd stampft mit dem Vorderhuf auf und der Schweif peitscht ärgerlich herum. Stellt sich ein anderes Herdenmitglied taub, geht das ranghohe Pferd zum Treiben über. Dazu wird der Hals schlangenähnlich ausgestreckt und herumgeschlenkert.

Dies ist als eindeutige Aufforderung zur Bewegung zu verstehen. Immer noch keine Reaktion von der anderen Seite? Hier wird dann ein ordentlicher Biss in den Hintern verteilt.
Auch das Zudrehen des Hinterteils und das Anheben eines Hinterbeines sagen eindeutig aus, dass hier Vorsicht gewahrt werden muss.

Rangniedrige Pferde, vor allen Dingen Fohlen, zeigen oft eine Haltung auf, bei der der Hals unten gehalten wird, ein Ohr zum Chef zeigt, der Blick auf den Boden gerichtet und das Maul geleckt wird. Fohlen zeigen dieses Mäulchenmachen weitaus deutlicher an. Auch das Wegdrehen des Kopfes wird als Unterwerfungsgeste gedeutet, die vor allen Dingen Pferdehalter persönlich nehmen und denken, dass das Pferd nichts mit ihnen zu tun haben möchte.

Lautsignale

Pferde verwenden Lautsignale spärlich. Obwohl viele Pferdebesitzer behaupten, dass Pferde stumm leiden, stimmt dies nicht. Einem Kolikpferd mit unglaublich starken Bauchschmerzen entschlüpft oft ein Stöhnen.

Die weiteren akustischen Kommunikationsmittel des Pferdes sind das Schnauben (wobei zwischen dem

Alarmschnauben und dem Schnauben zur Reinigung der Nüstern unterschieden werden muss), Quietschen, Wiehern und das Brummeln, ein besonders tiefes, leiseres Wiehern.

Das Brummeln kann mit Unterwerfung und einer freundlichen Begrüßung gleichgesetzt werden. Eine Stute, die ihr Fohlen begrüßt, ein Hengst, der einer Stute imponieren will oder Ihr Pferd im Auslauf, das genau weiß, dass Sie Karotten mitgebracht haben, stoßen dieses Brummeln aus.

Das Alarmschnauben wird durch das plötzliche Ausblasen von Luft aus den Nüstern gebildet. Es durchschneidet regelrecht die Luft und veranlasst alle anderen Pferde, in Alarmbereitschaft versetzt zu werden. Auch wenn ein Pferd an einem neuen Objekt interessiert ist, wird dieses Geräusch oft ausgestoßen.
Das Quietschen kann oft bei Pferden gehört werden, die zum ersten Mal aufeinandertreffen. Als eine Mischung aus Aggression und Angst angesehen, wird das Quietschen oft mit dem Wunsch zum Ausfechten der Rangordnung angesehen.

Trennt man zwei befreundete Pferde voneinander, wiehern diese mehrfach. Das Wiehern ist die stärkste Lautäußerung des Pferdes und kann als ein

Kommunikationssignal über weite Entfernungen gedeutet werden.

Pferde kommunizieren hauptsächlich über ihre Körpersprache, da es als Fluchttier nur über wenige Lautsignale verfügt. Ein angespannter Körper und peitschender Schweif weisen schnell auf prekäre Situationen hin.

Gesichtsexpressionen und was uns das Pferd damit sagen will

Pferde verfügen über besonders ausdruckvolle Gesichtsexpressionen. Die hängende Unterlippe eines dösenden Pferdes ist vielen Besitzern bekannt, das Drohgesicht mit flach angelegten Ohren, eng verzogenen Nüstern und gebleckten Zähnen kennen sogar viele Nicht-Reiter. Im Jahr 2015 veröffentlichte die Psychologin Jennifer Wathan von der Universität in Sussex das sogenannte "Equine Facial Action Coding System". Diese Tabelle führt 17 verschiedene Gesichtsausdrücke der Pferde auf, die auf bestimmte Stimmungszustände hinweisen. Im Vergleich dazu sind Menschen zu 27 Gesichtsausdrücken fähig, während es Schimpansen auf schlappe 13 Gesten des Gesichts schaffen.

<u>Ohrposition:</u>

Pferde können Ihre Ohren unabhängig voneinander bewegen. Leicht nach vorn gerichtete Ohren bedeuten, dass Ihr Pferd gut gelaunt und an Ihnen interessiert ist. Angelegte Ohren weisen auf ein verärgertes Pferd hin. Falls nur ein Ohr nach hinten gerichtet ist, horcht Ihr Pferd gerade in diese Richtung. Unter dem Reiter bedeuten nach hinten gerichteten Ohren, dass sich das Pferd auf diesen konzentriert. Herumzuckende Ohren weisen auf eine erhöhte Erregtheit des Pferdes. Dies kann durch eine generelle Überlastung durch zu viele Umweltreize hervorgerufen werden.

Maul und Nüstern:

Ein dösendes Pferd mit hängender Unterlippe sollten Sie immer ansprechen, um es nicht zu erschrecken. Ein zusammengepresstes Maul, gepaart mit angespannten Kaumuskeln, einem leeren Blick in den Augen und faltigen Nüstern weist auf Schmerzen hin. Sie sollten Ihr Pferd gründlich untersuchen. Gähnen wird nicht nur als Schläfrigkeit angesehen, sondern kann als ein Selbstberuhigungsmechanismus bezeichnet werden. Somit kann ein vermehrtes Gähnen bei einem Pferd anzeigen, dass es unter zu viel Stress leidet.

Flehmen:

Durch die hochgezogene Oberlippe wird das Jacobson-Organ freigelegt, in dem besonders intensive Geruchsstoffe analysiert werden. Oft wird dieses Verhalten von einem Hengst gezeigt, der eine rossige Stute beschnuppert.

Augen:

Die Augen des Pferdes zeigen Ihnen, wohin dessen Aufmerksamkeit gerichtet ist. Nervös herumwandernde Augen deuten auf eine potentielle Gefahr hin – Ihr Pferd kann nach einem Ausweg aus der Gefahrenzone suchen. Bereiten Sie sich in diesem Fall auf ein Scheuen oder Durchgehen vor. Falls sich Ihr Pferd eingeengt fühlt, kann es auch zu Aggressionen gegen Sie kommen. Lassen Sie daher Vorsicht walten.

Falls Sie das Weiße in den Augen Ihres Pferdes sehen können, ist Ihr Pferd verärgert. In dieser Situation können Sie Ihr Pferd entweder ablenken oder versuchen, es zu beruhigen. Achtung: bei Pferden mit sogenannten Schweinsaugen ist von Natur aus das Weiße in den Augen sichtbar.

Nun können Sie schon einmal die wichtigsten Signale der Pferdesprache verstehen und zu Ihrem Vorteil und einer besseren Kommunikation nutzen.

> Am ausdrucksvollsten sind die Gesichtsausdrücke der Pferde, die dadurch non-stop miteinander kommunizieren können. Die Ohrenstellung, die Position der Nüstern, das Anspannen der Muskeln um das Maul geben schnell Aufschluss über die Stimmung Ihres Pferdes.

Verhaltensstörungen

Nachdem wir uns mit den Grundlagen der Pferdesprache vertraut gemacht haben, möchte ich Ihnen noch kurz einige Verhaltensstörungen vorstellen, die Sie mit Ihren neu gewonnenen Kenntnissen in Pferdeverhalten und Pferdesprache schnell als anormales Verhalten erkennen werden. Die sogenannten Stalluntugenden, wissenschaftlich auch als stereotypisches Verhalten bezeichnet, haben meist zwei Ursachen: zu wenig Bewegung und zu viel Langeweile. Ein im Stall eingesperrtes Pferd wird schnell frustriert; es will sich, wie von der Natur vorgesehen, bewegen, ist aber dazu nicht in der Lage. So treten Untugenden wie Weben (das Hin- und Herschwingen des Körpers), Stallwandern und Kopfschütteln auf. Langeweile und eine unzureichende Raufuttergabe führen zu anderen Untugenden: Koppen, Holznagen und Lecken. Es ist unabdingbar, Stalluntugenden als ein Anzeichen für eine ungeeignete Haltung anzusehen. Erhöhter Stress, Isolation und Frustrationen können zu aggressiven Verhaltensweisen, wie Ausschlagen an die Stallwand und Beißen, führen. Diese Pferde sind einfach unglücklich.

Schon kleinere Umstellungen in der Haltung, wie die Erhöhung der Fresszeit durch die Gabe des Futters in Heunetzen, eine Umstellung in eine Außenbox, mehr Sozialkontakt und Freilauf können die Lebensqualität von Pferden im Generellen erhöhen.

Verhaltensstörungen treten durch das Nicht-Befriedigen bestimmter Bedürfnisse und einer daraus resultierenden Frustration auf. Langeweile, Bewegungsmangel und fehlender Sozialkontakt sind nur einige dieser Faktoren. Eine artgerechte Haltung verringert die Wahrscheinlichkeit von Stalluntugenden.

Wie kann ich mich am besten meinem Pferd verständlich machen?

Eine Studie im Bereich der Verhaltensforschung hat aufgezeigt, dass Pferde in der Lage sind, die Gesichtsausdrücke von Personen zu deuten. Weiterhin können sich Pferde an die Stimmung des Besitzers erinnern, wenn sie diesen im Laufe des Tages wiedersehen. Sie passen ihr eigenes Verhalten an diese zuletzt aufgezeigte Stimmung an. Dies sollte uns nicht verwundern, da Pferde untereinander durch kleinste Signale kommunizieren. Und wir machen uns natürlich Sorgen, dass wir uns unserem Pferd nicht verständlich machen können.

Warum Pferde-Fernsehen so wichtig ist

Am besten machen Sie sich mit der Körpersprache Ihres Pferdes im Auslauf oder auf der Weide vertraut. Sie können sich gerne mit einem Kaffee in eine sichere Ecke setzen und einfach warten. So können Sie genauestens beobachten, welches Pferd zuerst am Heu knabbern darf und danach einen der Eingänge am Unterstand blockiert. Beachten Sie dabei, wie das ranghöhere Pferd seine Nachricht vermittelt: reicht ein leichtes Anlegen der Ohren aus oder müssen tatsächlich Zähne gezeigt werden?

Auch bei der gegenseitigen Fellpflege können Sie interessante Verhaltensweisen entdecken: nur das ranghöhere Pferd darf einen rangniedrigeren Herdenkumpel zum gegenseitigen Kratzen einladen. Wenn sich das nächste Mal Ihr Pferd mit dem Kopf an Ihnen schubbert, wissen Sie, in welcher Position Sie sich befinden. Um dies zu ändern, sollten Sie mit dem Kratzen anfangen.

Zu Ruhezeiten ist normalerweise im Pferdeland nicht so viel los. Dies ändert sich bei der Fütterung: hier können Sie die meisten Interaktionen zwischen den Pferden beobachten, da sich diese von einem Heuhaufen zum nächsten folgen, sich zwischendrin gegenseitig verscheuchen und so die Herde immer in Bewegung gehalten wird.

Missverständnisse im täglichen Umgang

Wie schon bei dem oben aufgeführten Kratz-Beispiel kommt es zwischen Pferd und Halter oft zu Missverständnissen. Dadurch können Dominanzprobleme entstehen, bei denen Sie von Ihrem Pferd regelrecht herausgefordert werden können. Denn wenn Sie nicht das Zeug zum Chef haben, muss Ihr Pferd dieses Problem selbst lösen. Schnappen, Beißen, Drängeln und Umrennen sind nur einige der unerwünschten Verhaltensweisen, die bei vielen Kursen zur Pferdeerziehung angegangen werden. Viele Pferde wären aber glücklicher, wenn es nicht den Boss spielen muss und Ihnen hundertprozentig vertrauen kann. Achten Sie also bitte darauf, dass Ihr Pferd Sie nicht bedrängt und Ihren persönlichen Bereich respektiert. Falls es diese Regel ignoriert, sollten Sie es wegscheuchen. Beim Zeigen von Unterwürfigkeitsverhalten darf es dann gerne wieder näher an Sie herankommen. Ein weiterer Grund, den Sie überdenken sollten, ist die Gabe von Leckerlis. Diese sollten Sie nur für besondere Situationen, zum Beispiel für Trainingseinheiten, reservieren. Auch bei der Fütterung dürfen Sie sich nicht von Ihrem Pferd einengen lassen. Immerhin sind Sie ranghöher; dies sollte auf jeden Fall respektiert werden.

Spielen im Auslauf

Für Trainingseinheiten können Sie einen kleinen Longierzirkel abstecken. Hier können Sie mit Ihrem Pferd frei üben – machen Sie sich dabei groß und gehen Sie auf die Schulter des Pferdes zu. Nach einigen Runden Trab um Sie herum sollten Sie darauf achten, dass Ihr Pferd mindestens ein Ohr auf Sie richtet. Ein Senken des Kopfes und ein Maullecken zeigen Ihnen an, dass Ihr Pferd bereit ist, mit Ihnen zu arbeiten. Beim Anhalten sollte es sich Ihnen zuwenden. Schon nach einigen kurzen Einheiten können Sie Ihr Pferd dazu bringen, Sie zu respektieren und Ihnen frei zu folgen. Aus Sicherheitsgründen müssen alle Übungseinheiten in einem eingezäunten Bereich durchgeführt werden. Auch dürfen Sie sich nie selbst in die Gefahr eines Angriffs oder Ausschlagens bringen.

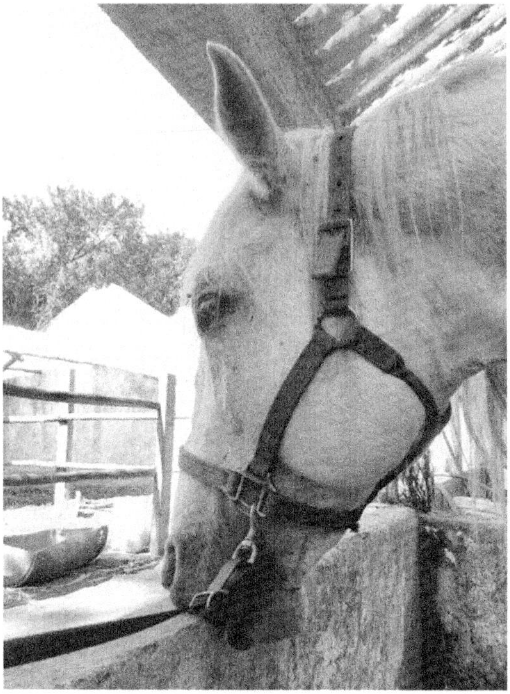

Wie das Durchqueren der "so schrecklichen Pfütze" leichtgemacht wird oder: neue Herausforderungen für unser Fluchttier

Die Kenntnisse der Pferdesprache helfen Ihnen auch, neue Herausforderungen anzugehen. Vielleicht haben Sie ein Pferd, dass sich weigert, durch Pfützen zu gehen? Dann können Sie dieses Problem nun angehen und mit Ihrem Pferd arbeiten. Wahrscheinlich haben Sie bisher immer alle Ausritte nach einem Regenwetter vermieden und so das Problem verstärkt. Warten Sie einfach, bis es mal wieder geregnet hat. Dann brauchen Sie nur noch Ihre Gummistiefel, ein paar Leckerlis (die sich Ihr Pferd dann auch verdient hat) und ausreichend Zeit und Geduld. Solche Übungen sollten Sie tatsächlich niemals durchführen, wenn Sie unter Zeitdruck stehen! Ruhig, aber selbstsicher führen Sie dann Ihr Pferd an eine Pfütze heran. Sobald es die Beine in den Boden rammt, reden Sie Ihrem Pferd gut zu, zupfen etwas mit dem Strick am Halfter und warten. Nach einer Weile können Sie an der Körperhaltung Ihres Pferdes erkennen, dass es sich beruhigt. Nun reden Sie weiterhin gut zu. Sobald es den Kopf gesenkt hat, um die Pfütze näher zu begutachten, dürfen Sie Ihr Pferd belohnen. Dann zupfen Sie wieder leicht am Strick. Nun steht das nächste Warten an. Sobald Ihr Pferd einen Schritt in Richtung Pfütze macht, hat es ein Leckerli verdient. Seien Sie darauf gefasst, dass Ihr Pferd eventuell mit den Vorderhufen in der Pfütze scharrt oder vielleicht sogar zu einem Sprung ansetzt; halten Sie also einfach ein bisschen Abstand. Falls Sie bis zum ersten Kontakt mit der Pfütze viel Zeit verbracht haben, können Sie für diesen Tag aufhören. Achten Sie darauf, dass Sie eine Übung immer zufrieden und entspannt, aber niemals im Streit beenden.

Nach dem erfolgreichen Durchqueren der Pfütze können Sie sich nun das nächste Ziel setzen: das Verladen in einen

Anhänger, Plastiktüten, Regenschirme, Autoreifen, auf einer Wippe schaukeln etc. Achten Sie dabei nur auf Ihr Pferd und schauen sorgfältig nach den Anzeichen von An- und Entspannung. So können Sie jedes Abenteuer überstehen und Ihr Pferd bombensicher machen.

Durch das sorgfältige Beobachten unserer Pferde können wir schnell feststellen, wie, wann und warum auf bestimmte Art und Weise miteinander kommuniziert wird. So können Sie schnell den Stimmungszustand Ihres Pferdes lesen, Konfliktsituationen entschärfen und Ihr Pferd weitaus besser mit ungewöhnlichen Gegenständen konfrontieren. Mit viel Geduld kann dann im richtigen Moment belohnt werden, sodass Ihr Pferd Schritt für Schritt realisiert, dass von bestimmten Objekten keine Gefahr droht.

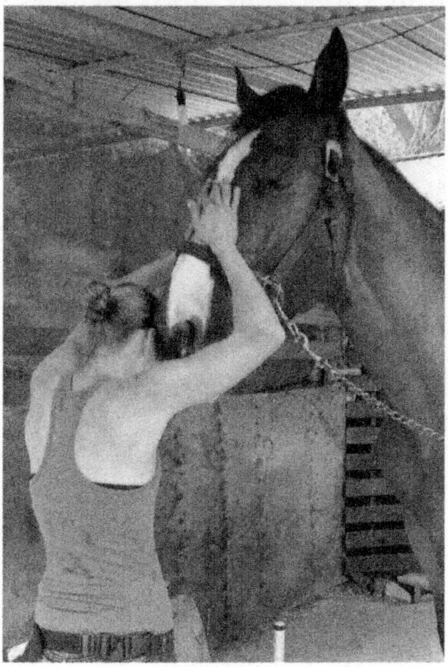

Vielen Dank dass Sie das Buch bis hierhin gelesen haben. Wir hoffen sehr, dass es Ihnen gefallen hat und würden uns unheimlich über ein Feedback in Form einer Rezension auf Amazon freuen.

Um eine Rezension abzugeben, müssen Sie nur folgenden Barcode mit Ihrem Smartphone scannen:

Nachwort

Von den Grundlagen der Pferdehaltung mit Schwerpunkt auf Weide- und Offenstallhaltung, über eine naturnahe und vollwertige Ernährung, die nicht nur die physischen, sondern auch die mentalen Bedürfnisse des Pferdes befriedigt, bis zu Pferdesprache und einigen kleinen Trainingstipps hoffe ich, dass Sie einen ausreichenden Überblick über Pferde gewonnen haben. Vielleicht kennen Sie das meiste aus diesem Buch schon, vielleicht habe ich Sie aber auch ein bisschen zum Überdenken der Konzepte der "normalen" Pferdehaltung angestoßen. Wenn Sie Ihr Pferd nur eine Stunde länger im Auslauf lassen oder einen Teil des Kraftfutters gegen ein gefülltes Heunetz austauschen, dann ist durch dieses Buch ein Pferd etwas glücklicher geworden. Aus Bequemlichkeit, oft aber auch aus Unwissenheit, werden viele Pferde auch heutzutage noch zu lange in Ställen gehalten. Auch Auslaufpferde können unter Langeweile leiden, die sich mit den gleichen Fütterungsveränderungen und einigen kleinen Anpassungen an den Auslauf schnell und einfach bekämpfen lässt. Durch den Überblick über die Pferdesprache wurden Ihnen vielleicht die Augen geöffnet, sodass Sie von heute an Ihr Pferd aus einem anderen Blickwinkel beobachten, es verstehen lernen und die neu gewonnenen Konzepte in die Praxis umsetzen.

Besuchen Sie auch unsere www.pferdesprache-lernen.de Webseite und treten Sie unserer **Facebook Gruppe** bei, um weiterhin in Kontakt mit Pferdefans zu bleiben und Ihr Wissen stets zu erweitern.

"Ich helfe keinen Personen mit Pferdeproblemen, ich helfe Pferden mit Personen-Problemen."

Buck Brannaman, 2011

Downloads

www.pferdesprache-lernen.de/pferdecheck/

Passwort: Weidehaltung

Bei Problemen mit dem Download kontaktieren Sie bitte info@pferdesprache-lernen.de oder treten Sie unserer Facebook Gruppe bei! Wir helfen Ihnen so schnell wir können!

Quellen

- Gaunitz, C., Fages, A., Hanghøj, K., Albrechtsen, A., Khan, N., Schubert, M., … Orlando, L. (2018). Ancient genomes revisit the ancestry of domestic and Przewalski's horses. Science, 360(6384), 111–114.
- LPO 2018, FN-Verlag
- Distances travelled by feral horses in "outback" Australia. HAMPSON, B. A., De LAAT, M. A., MILLS, P. C., & POLLITT, C. C. (2010). Equine Veterinary Journal
- Verwaltungsgericht Weimar, Az: 2 K 503/97 We / Thüringer Oberverwaltungsgericht, Az: 3 KO 700/99
- Leitlinien zur Beurteilung von Pferdehaltungen unter Tierschutzgesichtspunkten, Bundesministerium für Ernährung, Landwirtschaft und Verbraucherschutz (BMELV) Referat Tierschutz, 2009
- Wathan J, Burrows AM, Waller BM, McComb K (2015) EquiFACS: The Equine Facial Action Coding System. PLoS ONE 10(8): e0131738. doi:10.1371/journal.pone.0131738
- Antonia J. Z. Henderson (2007): Don't Fence Me In: Managing
- Psychological Well Being for Elite Performance Horses, Journal of Applied Animal
- Welfare Science, 10:4, 309-329
- Proops, L., Grounds, K., Smith, A. V., & McComb, K. (2018). Animals Remember Previous Facial Expressions that Specific Humans Have Exhibited. Current Biology, 28(9), 1428–1432.e4.

Bildquellen

Alle Bilder wurden von Stephanie Kersten gemacht oder stammen von www.depositphotos.com.

Weiterführende Literatur

- Horsewatching: Die Körpersprache des Pferdes. Desmond Morris. 2001 Heyne Verlag
- Pferdeweiden Information – Nutzung, Pflege und Düngung– : M. Diepolder, St. Hartmann · 2. Auflage April / 2004, Bayerische Landesanstalt für Landwirtschaft (LfL), Vöttinger Straße 38, 85354 Freising
- A Horse Keeper's Guide to A Horse Keeper's Guide to Manure Management Factsheet 2017, USDA Natural Resources Conservation Service (NRCS)
- Pferdepsyche, Pferdeverhalten. Marthe Kiley-Worthington. 1993 Müller-Rüschlikon
- Pferdeverhalten: Körpersprache und Kommunikation, Probleme lösen und vermeiden.Dr. Barbara Schöning. 2008 Franckh Kosmos Verlag
- Conquerors: The Roots of New World Horsemanship. M.D. Bennett. Amigo Pubns Inc; 1st edition (May 1, 1998)
- Praxishandbuch Pferdehaltung. Ingolf Bender. Kosmos (7. April 2004)
- Praxishandbuch Pferdeweide. Ingolf Bender Franckh Kosmos Verlag; Auflage: 4 (4. Januar 2013)

- Das ABC der Pferdefütterung. Margot Berger. Kosmos (2002)
- The ten behavioral characteristics unique to the horse. Miller, R. M. (1995). Journal of Equine Veterinary Science
- Role of Diet and Feeding in Normal and Stereotypic Behaviors in Horses. Hothersall, B., & Nicol, C. (2009). Veterinary Clinics of North America. Equine Practice
- Activity Behavior of Horses Housed in Different Open Barn Systems. Rose-Meierhöfer, S., Klaer, S., Ammon, C., Brunsch, R., & Hoffmann, G. (2010). Journal of Equine Veterinary Science
- Behavioural adaptation in the domestic horse - potential role of apparently abnormal responses including stereotypic behaviour. Cooper & Albentosa (2005)
- Effect of forage presentation on feed intake behaviour in stabled horses. Ellis, A. D., Fell, M., Luck, K., Gill, L., Owen, H., Briars, H., ... Harris, P. (2015). Applied Animal Behaviour Science
- Keeping horses in groups. A review. Hartmann, E., Sondergaard, E., and Keeling, L. J. (2012). Applied Animal Behaviour Science
- The Position of the Stallion in the Equine Dominance Hierarchy of Feral and Domestic Ponies. Houpt, K. A., & Keiper, R. (1982).

Impressum:

1. Auflage

Kontakt: Lars Hütz/Dückersstraße 9a/40667 Meerbusch

Email: info@pferdesprache-lernen.de

Coverfoto: AlexGukBO (depositphotos.com)

Drucker: Amazon Media EU S.à r.l., 5 Rue Plaetis, L-2338, Luxembourg

Printed by Amazon Italia Logistica S.r.l.
Torrazza Piemonte (TO), Italy

11123585R00113